§. 1702.
✠ ·L·

AGRICULTURE

EXPÉRIMENTALE.

AGRICULTURE EXPÉRIMENTALE,

A l'usage des Agriculteurs,
Fermiers & Laboureurs ;

Par M. SARCEY DE SUTIERES,

ANCIEN GENTILHOMME SERVANT
DU ROI.

A PARIS.

Chez Claude Herissant, Libraire-Imprimeur,
rue Neuve Notre-Dame, à la Croix d'or.

M. DCC. LXV.
Avec Approbation & Privilege du Roi.

LETTRE

DE M. SARCEY

DE SUTIERES,

ANCIEN GENTILHOMME
SERVANT DU ROI,

A M. THIERY

DOCTEUR DE LA FACULTÉ DE
MÉDECINE DE PARIS,

ET MÉDECIN CONSULTANT DU ROI,

*Sur plusieurs objets d'Agriculture,
& principalement sur la cause
la plus fréquente des maladies
des bestiaux.*

VOus avez désiré, Monsieur, que je donnasse au
Public les Observations que l'ex-

périence & mon goût pour l'Agriculture m'ont fournies sur cet Art si nécessaire. Vous me citiez un beau passage de Celse. * Vous croyez que l'Agriculture & la Médecine se doivent prêter des secours mutuels pour la conservation & l'augmentation de notre espèce. Je me suis rendu à vos sollicitations, Monsieur, & je vais publier le résultat des faits que m'ont fournis plus de vingt années d'expérience. Permettez que je vous donne ici une idée générale de mon Ouvrage; cela suffira pour vous prouver que je n'ai négligé aucune des questions importantes que vous m'avez faites sur les maladies des bestiaux, sur celles des bleds, & sur tous

* Ut alimenta sanis corporibus Agricultura, sic sanitatem ægris Medicina promittit. *A. Cornel. Celsus*, in *Præfat. Lib. I. de Medicina.*

les moyens de faire profpérer l'Agriculture.

Je commence par les maladies épidémiques des beftiaux. Je fais voir qu'en général ils n'en font affligés, que parce qu'on les conduit fouvent dans des pâturages fur lefquels les influences de l'air, les vapeurs & les exhalaifons de la terre ont dépofé une forte de venin vifible, qui a plus ou moins de malignité relativement aux faifons, aux climats & aux circonftances des lieux & des tems.

Les prés artificiels, tels que la luzerne, le fainfoin, le trefle, font plus fufceptibles que les autres de l'impreffion de ce venin; parce que leurs feuilles plus larges, plus épaiffes & plus dures que celles des prés naturels, le confervent plus long-tems. Conféquemment il y a

toujours des inconvéniens à envoyer les beſtiaux pâturer dans
ces ſortes de prés, ſur-tout depuis la fin de Septembre juſqu’à
la fin de Mars : ſaiſons où les
brouillards, les influences de
l’air & les vapeurs de la terre
ſont plus fréquens & plus dangereux que dans d’autres tems.
Je démontre l’inutilité de ces
mêmes prés artificiels, & combien ils ſont préjudiciables dans
pluſieurs Provinces de ce Royaume, & encore plus dans le
Nord.

Vous trouverez dans mon
Ouvrage, Monſieur, les moyens
que j’ai employés pour préſerver dans tous les tems mes beſtiaux de toutes ces maladies, ſoit
par les alimens que je leur ai
fait donner, & que m’ont pro-
curés d’abondantes récoltes, ſoit
par l’attention que j’ai toujours
eue de ne pas les laiſſer commu-

niquer avec les beftiaux malades de mes voifins. Vous penfez comme moi, Monfieur, que la chair infectée de ces animaux & les mauvais grains font la caufe d'un grand nombre de maladies malheureufement fi communes dans nos campagnes : auffi en verrez-vous des preuves convaincantes dans mon Ouvrage.

J'ai fait auffi quelques découvertes fur les engrais que l'on peut fubftituer aux fumiers, j'indique les moyens de les appliquer à chaque nature de terre, & de quelle manière j'ai fait labourer, femer & arranger ces mêmes terres ; ce qui m'a toujours produit des récoltes plus abondantes qu'à tous les habitans du même pays, quoique mes terres foient inférieures aux leurs. Je parle des moyens que j'ai employés pour garantir le

bled de la bruïne, & empêcher
l'yvraie & autres mauvaises grai-
res d'y faire des productions.

Je prouve que quelque mauvaises que soient nos terres,
même celles de tout le Royaume, on peut, en y employant
les engrais convenables, les
cultiver toutes, & récolter,
comme dans la France, la Brie
& plusieurs autres Provinces :
façon qui m'a toujours procuré
une double récolte.

Je crois avoir démontré une
méthode sûre pour mettre une
récolte à l'abri des rigueurs des
différentes saisons.

On verra ce que j'ai fait pour
garder des bleds pendant quatre à cinq années, sans presque
aucun frais, & sans en altérer
la qualité, ni la bonté ; de sorte
qu'ils peuvent après cette espace
de tems servir à la semence,
comme ceux d'une nouvelle ré-

colte. J'indique les moyens que j'ai employés pour rendre ſains & améliorer tant les prés bas que les prés hauts, ſans avoir beſoin d'y mettre ni fumier, ni engrais autres que ceux que la nature procure à ces ſortes de prés.

J'annonce tout ce que j'ai fait faire pour les différens défrichemens, ſans en brûler, deſſécher, ni altérer les ſucs & les ſels, & les produits multipliés que j'en ai tirés pendant pluſieurs années, ſans avoir beſoin d'aucuns engrais : défrichemens que j'ai fait faire preſque ſans art & ſans frais. Vous y verrez quels ſont les engrais que j'ai employés dans mon potager, & qui m'ont produit beaucoup de toutes ſortes de légumes, & meilleurs que les fumiers les plus abondans & les plus excellens n'en pourroient procurer.

Enfin je publie tous les moyens dont je me suis servi, pour faire perdre les sources & moulières qui se trouvent quelquefois dans les terres, ainsi que pour détruire toutes les vermines qui mangent une grande partie des récoltes , & celles dont les granges sont ordinairement infectées, comme les rats, souris, mulots, charansons.

J'ai l'honneur d'être, &c.

AGRICULTURE

AGRICULTURE

EXPÉRIMENTALE.

ON a beaucoup écrit, on écrit encore tous les jours ; & tant que la mode en durera, on ne ceſſera ſans doute d'écrire ſur l'Agriculture. Mais pour qui toutes ces théories ſavantes, & ces ſyſtêmes de cultivation ſe multiplient-ils continuellement ? Eſt-ce pour le Laboureur ? Il a ſa routine qu'il ſuit ſans jamais s'en écarter. Il ne lit point de Livres : ou ſi par hazard il jette les yeux ſur quelques-uns, ſouvent il ne les entend pas, ou très-peu. Eſt-ce pour l'amateur, ou pour celui qui voudra faire valoir ſes terres par lui-même ? Quelqu'intelligence qu'on ait, ſi l'on n'eſt un

A

peu Laboureur, c'eſt-à-dire, ſi l'on n'a point pris ſur les lieux des idées juſtes du Labourage, on court riſque de mal appliquer ce qu'on aura lu, ou de tout gâter en cherchant à rafiner.

Pour moi, abandonnant aux ſpéculatifs le ſoin de preſcrire du fond de leur cabinet de nouvelles loix au Laboureur, & quelquefois même a la nature, je ne renfermerai dans cet Ouvrage que les obſervations que plus de vingt ans de pratique & d'expérience m'ont procuré. Je n'y rapporterai que des faits dont je ſuis témoin depuis 1742, que mon goût pour l'Agriculture m'a fait reprendre l'occupation primitive & naturelle de l'homme, c'eſt-à-dire, depuis que je ſuis devenu Laboureur; j'ai fait valoir & j'ai conduit une des Fermes de la Terre de Ville-pariſis, qui eſt à moitié chemin de la route de Paris à Meaux. Je me ſuis enſuite chargé de la Terre de Belle-Fontaine, ſituée vis-à-vis de Montereau Faut-Yonne, à deux lieuës de Morel en Gâtinois; & je la gouverne depuis 1759. Ainſi j'ai commencé par m'inftruire en opérant moi-même avant de vouloir inftruire les autres. Tels font les titres que j'ai pour écrire fur la feule pratique d'un art, fur lequel tout le monde aujourd'hui veut faire des Livres. Mon Ouvrage eft donc autant l'hiftoire de mes travaux que le réfultat de mes fuccès.

CHAPITRE PREMIER.

Des maladies des Bestiaux.
Causes des épidémies &
contagions.

LE s bestiaux étant la base & les principaux instrumens de l'Agriculture, j'ai cru devoir fixer d'abord l'attention de mes Lecteurs sur cet objet intéressant, & les occuper de leur conservation.

Il ne faut pas chercher bien loin la cause des maladies contagieuses, qui font depuis plusieurs années tant de ravages parmi les bestiaux. Elles ne proviennent certainement que des mauvaises pâtures, des prairies artificielles, &c. dans lesquelles on les conduit, sans examiner auparavant s'il n'y a aucune rouille sur la luzerne, le sainfoin, le tréfle, & sur les autres herbages. Cette forte de rouille est toujours produite, soit par de mauvaises vapeurs & exhalaisons de la terre, ſoit par les vents mal-ſains que les payſans nomment *roux-vents*, ſoit par les brouillards & l'air infecté qui paſſent ſur certaines contrées. Il n'arrive que trop ſouvent que les Vaches qui ſortent de ces pâturages, ſe trouvent comme empoiſonnées de cette rouille. Les unes enflent bientôt & crèvent ; d'autres n'ont que la bouche & la langue malades : enfin il y en a qui ont toute la tête douloureuſe au bout de quatre ou cinq heures, & le mal devient quelquefois incurable.

Les Moutons d'autre part attrappent la clavelée ou le claveau. Quelques-uns deviennent enflés, & périſſent auſſi-tôt. D'autres ſont attaqués par la tête : & le mal que les Bergers appellent *coup-de-ſang*, donne des étourdiſſemens dont ils meurent quelques jours après. Ceux qui ſupportent le mieux le mal, ſont préciſément les plus dangereux, parce qu'ils le communiquent aux autres. De-là cette contagion qui ſe répand dans tout un pays, qui s'étend de proche en proche, & qui infecte ſouvent des Provinces entières, & même tout le Royaume.　　　　　A iij

Il y a encore une autre maladie qui n'eſt que trop commune aux Moutons : c'eſt la pourriture. Quoique cette maladie ne ſe communique que peu ſouvent, néanmoins un troupeau en périt preſqu'en entier. On a la douleur de voir cet effet funeſte cinq ou ſix mois après qu'on l'a conduit dans des pâturages dont les productions ne ſont occaſionnées que par l'abondance des pluies, c'eſt-à-dire, les herbes qui pouſſent dans les mois de Septembre & d'Octobre ; & voici ce qui y donne occaſion. Les Fermiers du Gâtinois & de bien d'autres Provinces font preſque tous faucher leurs avoines & les autres grains de Mars. Malgré l'attention de celui qu'on emploie pour cette opération , il en fait tomber au moins la ſemence par la ſecouſſe que ſa faulx donne à la tige. Pendant douze ou quinze jours que les grains reſtent en javelle ſur la terre, l'herbe & le grain qui eſt tombé pouſſent ; l'un & l'autre s'entrelaſſent dans les javelles , de ſorte qu'on ne peut les arracher qu'en forçant le rateau. On en fait encore au moins égrainer la ſemence. Voilà

donc à peu-près six bichets * par arpent d'avoine répandus sur la terre.
Les pluies tombent ensuite. Comme
la terre n'est point labourée, & qu'elle
n'a presque plus de séve, les productions qu'elle donne ne tirent de nourriture que de l'eau. Pour épargner les
fourages secs, on y fait aller les troupeaux de très-bonne heure. Ces animaux qui trouvent cette production
tendre & délicate, en mangent, même
avec excès. Comme ce n'est presque
que de l'eau, ils se pourrissent insensiblement. Dès que le Printems commence, la terre devient en séve. Elle
produit de nouvelles herbes qui ren-
ferment toute la force dont elles sont
susceptibles. A peine en ont-ils mangé
quelques jours, que n'en pouvant point
soutenir les sucs & les sels, ils dépérissent peu à peu, & le troupeau devient à rien. J'ai vu plusieurs fois cet
accident, mais sur-tout en 1762. Un
Fermier de mon canton a perdu tout
son troupeau pour l'avoir fait con-

---

* Le bichet est une mesure qui pese environ 40 livres. Il faut six bichets pour faire
le septier de Paris.

duire dans des pâturages d'où l'on avoit nouvellement enlevé les avoines. S'il avoit eu l'attention de faire donner du fourage sec à ses Moutons avant de les envoyer dans ces champs, il n'auroit perdu que les plus vieux, les plus foibles, & ceux qui étoient les plus mal-sains. Mais il les auroit tous conservés en ne les y laissant point aller.

Que ce soient les mauvaises exhalaisons de la terre, les brouillards, la bruine, les tems humides, & les autres influences de l'air qui corrompent les pâturages, je m'en suis bien des fois pleinement convaincu, sur-tout vers la fin de Février de l'année dernière. Comme j'étois occupé dans les champs à faire travailler des ouvriers dans deux jours différens, je remarquai le matin une vapeur en forme de brouillard qui s'élevoit sur 25 ou 30 arpents de nos prés, & de ceux de Flagy à trois ou quatre pieds de terre. Cette vapeur ne fut pas long-tems sans disparoître & se déposer. J'allai dans l'endroit où je l'avois remarquée : j'y arrachai plusieurs feuilles d'herbe, sur lesquelles je trouvai la rouille blanche dont je viens de parler. Je portai mes pas plus loin fur un champ où je n'avois point apperçu le brouillard. Je n'y trouvai pas la moindre rouille. Or la preuve que cette rouille, en infectant les pâturages, cause les maladies des bestiaux, c'est que les Fermiers & Laboureurs des Villages voisins ont actuellement une partie de leurs bestiaux malades, & qu'il leur en meurt beaucoup tous les ans, tandis que les miens font dans le meilleur état.

Les prés bas qui font négligés & dans lesquels on ne fait ni faignées ni fossés pour faire écouler les eaux qui croupissent, font évidemment plus fujets que les autres terreins à ces fortes d'exhalaisons. D'ailleurs le mauvais état où ils font, à cause de la mousse qui épuise la substance du fol, ou qui en arrête la végétation, ne leur permet pas de pousser autre chose que de mauvaises herbes, dont le fuc étant corrompu dans son principe, infecte à la longue les bestiaux qui s'en nourrissent.

Ainsi tant que les Laboureurs & les Fermiers du Gâtinois & des autres

Provinces négligeront la partie essentielle des pâturages , ils auront toujours des mortalités ou des contagions dont se ressentiront leurs voisins. Aussi ai-je expérimenté depuis 1742 , qu'en s'abstenant , sur-tout depuis la fin de Septembre jusqu'au mois d'Avril, d'envoyer les Vaches & les Moutons paître dans les tems de brouillard & de rouille , on les préservoit de toutes sortes de maladies pestilentielles. On peut pendant ces six mois les nourrir de fourages secs , comme de paille de froment , ou de gros méteil pour les troupeaux ; & pour les Vaches de fourage d'avoine , de paille de petit méteil & de seigle , de paille au van, & de paille d'orge. En les gouvernant de cette manière, & même en donnant le matin à la fin de l'Automne & pendant l'Hiver aux bestiaux un peu de ces différens fourages avant que de les envoyer aux champs, les jours qu'on peut le faire sans courir aucun risque , non-seulement on les garantira de beaucoup de maladies , mais ils seront encore plus gras, & la chair en sera meilleure : car les pâturages dans ces deux saisons sont toujours détrempés d'une humidité très-malſaine qui les pourrit , & qui , ſi elle n'eſt pas toujours mortelle aux beſtiaux , leur eſt du moins très-nuiſible.

L'herbe des champs & les prés hauts ſont moins dangereux. Il ne faut pour les ſecher qu'un rayon de ſoleil ; parce que les feuilles des herbes n'étant pas ſi larges ni ſi épaiſſes que celles de la luzerne , du ſainfoin, &c. retiennent moins l'humidité & la rouille. Au ſurplus il y a des pays plus ſujets les uns que les autres à toutes ces ſortes d'influences. L'Italie même n'en eſt pas exempte ; & certains cantons qui avoiſinent la mer, en ſont principalement affectés. Auſſi m'a-t-on aſſuré que les habitans y perdent beaucoup de bétail dans les mois de Septembre & de Novembre ; ce qui n'arriveroit jamais, ſi l'on n'envoyoit les beſtiaux aux champs que par un beau ſoleil, une petite gêlée, ou après une forte pluie, capables de ſecher, d'enlever , ou de laver la rouille dépoſée ſur les herbes, & après leur avoir donné des fourages ſecs des granges.

Quand il court de ces maladies qui

sont apportées souvent par des bestiaux étrangers qu'on amène dans les Foires pour les vendre, il faut soigneusement éviter que les autres ayent quelque communication avec eux, jusqu'à ce que l'on se soit assuré de leur santé. Voilà le moyen de les préserver sûrement de toutes maladies contagieuses. C'est une expérience que j'ai faite depuis 1742, jusqu'en 1751; tems où j'ai fait valoir par moi-même une partie de la terre de Ville-parisis. Dans une de ces années il survint une maladie si contagieuse sur les Vaches, & d'un effet si rapide, que lorsqu'un Fermier avoit une seule de ces Vaches malade, en eut-il eu cent, il les perdoit toutes, sans qu'aucune pût échapper. J'ai vu pareil accident arriver à notre Fermière de Gressy près de Claie. Cette Fermière avoit trente Vaches. Elle s'avisa dans ce tems d'acheter six Génisses. Nous lui conseillâmes, M. le Prieur de Gressy & moi, de tenir ces six Génisses séparées de ses autres Vaches. Elle nous répondit qu'elle les avoit achetées d'un homme qui avoit de bons certificats, qui portoient que la maladie contagieuse n'étoit point dans ſon pays. Nous eumes beau lui repréſenter que ces Géniſſes pouvoient l'avoir contractée par la ſeule communication avec celles qu'elles avoient trouvées en chemin pour venir en Foire, ou pour avoir pâturé dans des endroits ou d'autres Vaches ou Géniſſes attaquées de la maladie contagieuſe avoient été paître. Elle s'obſtina à les faire mettre dans la même étable que ſes autres Vaches. Ce que nous craignions pour ces beſtiaux, ne tarda point à ſe manifeſter. Cette Fermière, ainſi que bien d'autres, perdit & ſes Géniſſes & ſes Vaches. Mais ce qui fait voir que ce n'eſt que par la communication de ces ſix Géniſſes qu'elle voulut, malgré nos avis, mettre avec ſes Vaches, qu'elles périrent toutes, c'eſt que M. le Prieur de Greſſy qui faiſoit valoir ſon bénéfice, & qui avoit huit ou dix Vaches logées à la diſtance au plus de 20 toiſes de celles de la Fermière, n'en perdit pas une. Il avoit ſoin de ne les laiſſer ſortir que dans ſa baſſe-cour, ainſi que dans ſon jardin, & dans celui d'un de ſes voiſins où il y avoit un peu de pâturage. On ne les y laiſſoit même que très-peu de tems, & ſeulement pour prendre l'air & boire. Elles étoient enfuite renfermées dans leurs étables, où elles trouvoient leurs auges garnies des nourritures que j'ai indiquées plus haut. Au moyen de ces précautions M. le Prieur conferva toutes fes Vaches.

Pendant que ce que je viens de dire fe paffoit à Greffy, Ville-parifis où je réfidois n'étoit pas exempt de la maladie des Vaches, & beaucoup d'habitans & Fermiers en perdoient. J'en avois une quinzaine tant au Château que j'occupois, qu'à la Ferme que je faifois valoir. J'obfervai de point en point tout ce que je viens de dire. Je leur fis donner pendant plus de deux mois des différentes pailles de la grange, & cependant on ne les menoit point ailleurs que dans le parc, tant pour les faire boire & leur faire prendre l'air, que pour pâturer dans les dix arpens de pré dont il eft compofé. Par cette conduite je ne perdis aucune Vache; elles étoient au contraire dans le meilleur état.

J'ai à Belle-Fontaine 25 Vaches, 8 Chevaux, & beaucoup de Poules qui n'ont aucune des maladies épidémiques dont preſque tout le pays s'eſt plus ou moins reſſenti. Je ne repéterai point ce que j'ai dit ſur la manière de gouverner les Animaux pour les conſerver toujours ſains ; mais je puis apporter en preuve & produire ici mon expérience. La principale attention que je recommande, après le ſoin de leur nourriture, telle que je la leur donne moi-même toujours avec ſuccès ſuivant les circonſtances, c'eſt d'empêcher qu'ils n'ayent aucune communication au moins pendant un certain tems avec d'autres Animaux de leur eſpèce. On évitera par cette précaution, non-ſeulement le danger de la contagion pour les beſtiaux, mais encore bien des maladies qui courent parmi les hommes dans certains cantons, & quelquefois dans les petites Villes. Qu'arrive-t-il en effet des maladies que contractent les Animaux ? C'eſt que beaucoup de Fermiers & habitans de la campagne ſe voyant à la veille de les perdre, cherchent à les vendre à vil prix pour en tirer au moins quelque choſe. L'avidité du gain porte les Bouchers de Village à acheter ces Animaux infectés : ils les tuent , vendent à grand marché les plus mauvais endroits aux habitans du lieu , & portent le reſte dans les marchés des petites Villes voiſines. Je laiſſe à juger le déſordre qu’une pareille nourriture peut cauſer dans le corps humain. Il eſt aiſé de ſe convaincre de la vérité de mon obſervation, en examinant ce qui ſe paſſe pendant le cours de ces maladies dans les Villages & les marchés. On verra que l’on y trouve quelquefois de la viande à moins de deux ſols la livre. Ce n’eſt point qu’il n’y en ait auſſi de très-bonne : mais comme cette dernière coute 5 ſols, les pauvres gens courent à celle qui n’eſt pas ſi chère , & par économie s’en empoiſonnent. De-là naiſſent pluſieurs de ces maladies que l’on appelle épidémiques, parce qu’elles ſont générales, & qu’elles attaquent tous les habitans d’une contrée qui ont mangé de la même viande , ou d’une Vache infectée que le Boucher aura quelquefois achetée dans le lieu même.

Il en eſt de même du pain que mangent les pauvres payſans. Les Boulangers par le même eſprit d’intérêt, au lieu d’acheter le bon grain au prix qu'il vaut, achètent ordinairement le plus mauvais bled, & même celui qui est chaufouré. * Comme ils ont ces sortes de bled à très-bon compte, ils s'inquiétent peu du mauvais effet qu'ils peuvent produire. Ils en font du pain qu'ils vendent à un liard ou deux de moins par livre que celui des marchés. Le pauvre achete ce pain préférablement au bon, & par cette mauvaise nourriture contracte des maladies mortelles que l'on peut appeller épidémiques, parce qu'elles font communes à tous ceux qui ont vécu de la même manière. En doit-on être surpris ? puisqu'il est certain qu'elles n'ont d'autre source que la qualité dépravée du grain, dont par une malheureuse économie on a voulu se servir.

Plusieurs Fermiers ne font point assez attentifs à préserver leur monde, sur-tout pendant la moisson, de cet

---

* On appelle bled chaufouré, du bled qui s'est échauffé, soit parce qu'il y a eu des gerbes entassées trop humides, soit parce que ces mêmes gerbes contenoient de mauvaises herbes qui n'étoient pas assez seches quand on les a mises dans les granges.

accident. Communément ils gardent du bled gâté, dont ils font usage dans le tems de leur récolte. S'ils ont quelques bestiaux qui se pourrissent, ils les font manger à leurs gens. Quel avantage retirent-ils de cette imprudence ? C'est que tous leurs domestiques tombent malades. Leur récolte en souffre considérablement, & dépérit en partie ; parce qu'alors on ne peut plus trouver d'autres ouvriers, vu que tous les gens de la campagne sont occupés à faire la moisson chez d'autres personnes. Aussi me contentai-je de répondre à un Fermier qui me disoit à Ville-parisis que j'étois heureux de n'avoir aucun domestique malade, qu'il le seroit autant que moi quand il le voudroit bien sincérement ; qu'il n'avoit qu'à ne point acheter de Vaches malades ou pourries pour 5 liv. mais donner de bon pain & de bonne viande à ses domestiques, & qu'alors ils supporteroient en bonne santé toutes les fatigues de la moisson.

Le remède à ce mal seroit d'empêcher de vendre les mauvaises viandes & les mauvais grains. Mais qu'en

faire, me dira-t-on, de ces derniers?
Qu'en faire? En engraiſſer des Cochons,
ou de la Volaille , après l'avoir fait
cuire dans l'eau , pour lui ôter par la
cuiſſon une partie de ſa mauvaiſe qualité. On trouvera dans cet Ouvrage
des moyens ſûrs pour n'avoir pas de
ces grains pernicieux, & pour en garder de bons , ſans frais, pendant dix
années, ſi on le juge à propos.

Je reviens aux beſtiaux. Si l'on veut
qu'un troupeau ſe porte bien , que la
laine & la chair en ſoient également
bonnes, il faut auſſi avoir grand ſoin
de ne pas l'étouffer dans une bergerie,
& de ne le laiſſer dans ſon fumier que
le moins que l'on peut ; car c'eſt par
ce défaut d'attention que la chair &
la laine des Moutons contractent une
mauvaiſe qualité. Pourvu que ces Animaux ſoient bien à couvert dans les
mauvais tems & dans les ſaiſons plu-
vieuſes , ils n'en ſont que mieux de
prendre l'air le plus qu'il eſt poſſible.
Quand il y a une forte roſée , ou du
brouillard & de la pluie , il faut né-
ceſſairement les enfourer * avec de

* C'eſt-à-dire, donner pour nourriture des
pailles de froment au gros bétail.

la gerbée Il eſt bon même de leur en donner tous les jours un peu depuis le mois de Novembre qu'ils quittent le parc, avant de les envoyer aux champs. Outre qu'ils s'en portent beaucoup mieux, la paille qu'ils ont fouragée, leur ſert de litière; & l'on ne peut leur en trop donner dans les deux ſaiſons d'Automne & d'Hiver.

On m'a fait une objection ſur la cauſe générale que j'attribue aux maladies des beſtiaux. Si c'étoit, dit-on, les mauvaiſes influences de l'air, & les exhalaiſons mal-ſaines des terreins dont le venin ſe dépoſe ſur l'herbe des prés tant naturels qu'artificiels, qui produiſent ces maladies, ne devroient-elles pas être auſſi nuiſibles, auſſi préjudiciables à l'homme ? Cela peut ſans doute arriver, mais le cas eſt fort rare. 1° Parce que les exhalaiſons terreſtres ne s'élèvent ordinairement que des terreins marécageux, ainſi que dans les prés hauts & artificiels, & que ces terreins ſont encore ceux qui attirent ou ſur qui ſe fixent le plus les mauvaiſes influences de l'air. 2°. Parce que la terre où ſe trouvent les fourages dont j'ai parlé, n'étant jamais ni labourée, ni remuée ; ce qu'elle contient de vapeurs, de ſel & de ſucs differens, ne pouvant en ſortir qu'avec peine, les exhalaiſons ſont plus fortes, & les influences de l'air attirées par les ſels & les vapeurs du ſol, s'y dé-poſent plus aiſément ; au lieu qu'une terre qui eſt labourée & remuée, s'ex-hale & s'évapore plus aiſément, ſur-tout par l'action du ſoleil qui pompe plus facilement toutes les évaporations. Au ſurplus les hommes ne mangent point de ces herbes où eſt dépoſé ce venin, quoiqu'on ne puiſſe pas nier abſolument que les maladies ne ſoient plus fréquentes dans le pays où l'hu-midité ſéjourne plus long-tems.

Quant à la contagion provenante des fourages infectés par ces ſortes d'exhalaiſons, elle s'étend quelquefois juſqu'aux Chevaux qui ſe communi-quent entre eux-mêmes juſqu'aux plus ſimples maladies.

En 1764. au mois de Février j'ache-tai deux Chevaux à Chéroy. L'un d'eux avoit ce qu'on appelle en ter-mes du pays *la poujole*, eſpèce de rhume qui rend les Chevaux auſſi ma-lades que nous le ſommes ordinairement de cette incommodité ; car ils touffent & jettent de tems en tems par les narrines, comme une perfonne qui a un rhume de cerveau. Quelques jours après fix autres Chevaux de ma Ferme eurent tous la même maladie. Heureufement elle n'eft pas dangereufe, quand on a foin de ménager fes Chevaux, & de ne pas les excéder de travail. Comme alors ils font dégoûtés, quand ils ne mangent pas bien leur avoine, il faut leur donner un peu de bled, & les mettre à l'eau blanche ; ce qu'on fait en jettant dans ce qu'ils doivent boire deux poignées de farine de feigle. On ne doit leur donner, pendant qu'ils font dans cet état, ni foin, ni luzerne, mais feulement de la gerbée, & des menus de froment ou gros méteil. Cette façon fimple de les alimenter m'a toujours réuffi, & je me garderai bien d'en employer d'autres, fur-tout de les faire faigner fuivant l'avis très-hazardé des Auteurs modernes.

Il eft beaucoup de fourages fecs qui caufent auffi une infinité de maladies fort férieufes aux beftiaux & aux Chevaux d'une Ferme. La paille de

froment par exemple, celle de méteil, lorſqu'elles proviennent d'une récolte pourrie & infectée de bruine, de
bled teint, rouillé ou niellé. L'on ſe
défendra de ces inconvéniens, ſi l'on
donne à propos aux terres les labours
néceſſaires, les engrais convenables,
& la ſemence miſe en chaux, comme
je l'indiquerai plus bas. Par ces précautions la tige des bleds étant plus
forte, ſera capable de réſiſter aux vapeurs, aux exhalaiſons de la terre &
aux brouillards. La récolte de 1764.
ſervira de preuve à ce que j'avance.
Dans tout le Gâtinois il a paru des
vapeurs, des exhalaiſons, des brouillards, depuis le 3 Juin juſqu'au 7 du
même mois. Ils n'ont communément
duré que trois heures, c'eſt-à-dire,
depuis 5 heures du matin juſqu'à 8.
Quels ravages n'ont-ils pas faits ? Ils
ont gâté, pourri & perdu une aſſez
grande partie de la récolte. Pourquoi?
C'eſt que les terres n'ont point eu les
labours qu'elles éxigent, ou qu'ils n'ont
pas été appliqués dans les ſaiſons convenables. C'eſt qu'on leur a refuſé les
engrais propres à leur nature, ou
qu'on n'a point chaulé ou enchauſſé

leur femence, de manière qu'elle donnât des productions qui fuffent en état de réfifter aux vapeurs & exhalaifons de la terre, & aux influences malfaines de l'air. L'expérience a déja démontré ce que je viens de dire. J'avois 65 arpents de bled. J'avois pris les précautions que je viens d'indiquer : auffi n'ont-ils été attaqués ni de rouille, ni de nielle, ni de teinture, ni de bruine. On n'y a pas même vu de faux bleds ni d'yvraie, ni d'autres mauvaifes graines, pendant que les terres de mes voifins en étoient toutes remplies : ce qui prouve clairement que ma façon de mettre le bled en chaux eft capable feule de le préferver de toutes fortes de maladies, d'empêcher les mauvaifes graines d'y croître, & de leur donner affez de force pour réfifter aux exhalaifons & vapeurs de la terre & aux mauvaifes influences de l'air. Ceux qui ont chaulé leur femence comme moi, en ont retiré les mêmes avantages. Il en réfulte encore un bénéfice confidérable. C'eft que mes récoltes font toujours plus abondantes que celles des autres, foit en grain, foit en

fourage,

fourage, tant pour la qualité du grain qui eſt toujours ſupérieure à celle de mes voiſins, que par la quantité de gerbes. J'en fais ſortir un & quelquesfois deux boiſſeaux de bled de plus par douzaine de gerbes. Or ſi le bled qui eſt la plus robuſte des plantes eſt ſujet à tant d'inconvéniens, peut-on être ſurpris que l'herbe des prés artificiels les éprouve ſi ſouvent ? Ses feuilles ſont épaiſſes & larges ; elles reçoivent par conſéquent plus de vapeurs, & les gardent plus long-tems que les prés ordinaires. D'ailleurs les vapeurs qui ſortent d'une terre qui n'a point été cultivée, ſont bien plus fortes que celles qui s'exhalent d'un ſol qui a reçu trois ou quatre labours. Quel effet ne feront-elles donc point ſur les beſtiaux, ſi on les y mène pâturer avant qu'elles ayent diſparu ? Mais pourquoi ces exhalaiſons influent-elles plutôt ſur un terrein que ſur un autre, qui eſt quelquefois à côté ? La raiſon en eſt ſimple. C'eſt qu'elles ne ſortent très-ſouvent que par canton, & à proportion que les endroits ſont plus ou moins humides, ou que le ſol renferme une plus grande quantité

B

de sels & de sucs. Mais, me dira-t-on, si ce sont les exhalaisons de la terre, ou les influences de l'air qui gâtent le bled, les épis étant les mêmes dans toute la pièce, comment se peut-il faire que dans le même épi de bled il y ait des grains qui soient corrompus par les bruines ou par la rouille, & qu'il y en ait de teints, tandis que d'autres ne sont attaqués d'aucun de ces accidens ? Le voici. Lorsque cette vapeur de la terre s'élève à trois ou quatre pieds de hauteur en forme de brouillard, le vent la chasse à proportion de sa force. Elle s'applique sur la partie de l'épi qu'elle rencontre d'abord, & les deux côtés n'en reçoivent que très-peu, & le derrière n'en a point du tout. Il ne doit donc pas paroître étonnant que les grains qui en ont été frappés en plein soient totalement pourris, de façon qu'ils ne donnent qu'une poussière noire qui infecte : les deux côtés de l'épi qui n'en ont reçu que très-peu, parce qu'elle a passé obliquement, ne sont que teints de noir ou rouillés : & le derrière sur lequel elle ne s'est point du tout reposée, ne doit point avoir la moindre teinture, mais être dans son état naturel. Ce qui acheve de démontrer que le mélange de bons & de mauvais grains dans le même épi n'a point d'autre cause que celle que je viens d'affigner, c'est que le bled qui est presque renversé par terre, est toujours presqu'entièrement attaqué des maladies dont il s'agit ; parce qu'étant à l'abri du vent, il a reçu de tous les côtés la vapeur & les exhalaisons. Seroit-il aussi aisé d'expliquer pourquoi une pièce de bled est quelquefois plus chargée que celle qui est auprès, quoiqu'elle soit de la même nature ? Sûrement. C'est que cette pièce n'a point été labourée ni femée dans le même tems que l'autre ; c'est qu'on lui a donné un labour de moins, ou qu'on l'a fumée plus tard : le bled en est moins fort, & ne peut pas résister aux exhalaisons de la terre, ou aux malignes influences de l'air. Voulez-vous donc les en préserver pour toujours ? Suivez ma méthode pour les labours & les engrais ; mettez-y de la semence chaulée, comme je l'indiquerai bien-tôt, & vous ne courrez plus aucun risque. Vous ferez plus : vous la mettrez à l'abri des différentes saisons; comme je le ferai voir plus en détail dans le Chapitre suivant. Je démontrerai également les moyens qu'on doit employer pour améliorer les prés hauts & les prés bas; de façon que le fourage qui en provient, ou les pâturages qu'on y fait faire, ne nuisent en aucune façon aux animaux que l'on y mène paître.

C'est donc par mes récoltes bien faines, & en empêchant la communication de mes bestiaux avec ceux de mes voisins dans le tems des maladies épidémiques, que je les ai garantis de tout accident depuis 1742, que j'ai commencé à faire valoir par moi-même. D'où je conclus qu'il est bien plus essentiel de prendre ces précautions que de chercher des remèdes que l'on ne peut jamais déterminer avec succès que quand on connoît la nature & l'espèce de maladie, qui communément est différente, parce qu'elle n'est pas toujours occasionnée par la même cause ; par conséquent qu'il vaut beaucoup mieux indiquer le moyen de s'en préserver, que de mettre son espérance dans des remèdes très-incertains.

Mais que faire, me dira-t-on, des débris de cette récolte pourrie, infectée par les maladies de bruïne, de nielle, & de beaucoup d'autres eſpèces, puiſqu'en en faiſant du pain, ils peuvent cauſer aux hommes des maladies épidémiques ; & qu'en en donnant la paille aux animaux, ils produiront ſur eux le même effet ? Il faut mettre ces bleds en chaux de la manière que je l'indiquerai. Jettés ſur la terre, ils produiront une récolte très-belle, très-ſaine, & très-abondante, pour peu qu'on ait paſſablement labouré le ſol, & qu'on l'ait pourvu d'engrais qui lui ſont analogues.

A l'égard des pailles, ne vous en ſervez que pour faire de la litière aux Chevaux & aux Vaches. Ces animaux étant ordinairement liés dans leurs écuries ou étables, ne pourront y toucher ; ayant d'ailleurs de meilleurs alimens, ils ne chercheront pas à manger ceux qui ſeront infectés.

J'en appelle encore à l'expérience que j'en ai faite tant à Ville-pariſis qu'à Belle-fontaine. Quand j'ai commencé à faire valoir dans ces deux endroits les bleds que les Fermiers m'avoient laiſſés, étoient-attaqués de toutes ſortes de maladies, & pleins de mauvaiſes graines. Avec ma façon de mettre le grain en chaux, & ſans jamais changer de ſemence, je l'ai très-bien purifié, & j'ai récolté les années ſuivantes de plus beau bled, en plus grande quantité, & meilleur que celui de mes voiſins. On en a toujours été ſurpris depuis 1759 ; mais j'eſpère qu'on le ſera encore beaucoup plus l'année prochaine, parce que j'aurai pluſieurs corps de Ferme compoſés de différentes natures de terres, & dont le labour ſera de cinq charrues. C'eſt ſur une quantité de cette eſpèce qu'il faut faire les expériences d'Agriculture, & non ſur de petites portions, qu'il eſt très-aiſé de rendre fertiles, ſans connoître tout ce qu'il faut pour rendre toute ſorte de ſol propre à toutes les productions.

J'aurai cent dix arpens de bled à récolter au mois de Juillet prochain ſur toutes ſortes de natures de terre : j'aſſure d'avance que mes bleds n'auront aucune des maladies de bruïne , bled teint & rouillé ; &

je ſuis très-certain que ceux qui n'auront pas mis leur bled en chaux comme moi , en auront plus ou moins , ſuivant que les exhalaiſons, les vapeurs de la terre , & les influences de l'air ſeront plus ou moins fortes.

CHAPITRE II.

Des engrais.

IL y a plusieurs espèces d'engrais. La plûpart sont assez connus, & on ne péche communément que dans la manière de les appliquer. J'en indiquerai une capable de procurer tous les avantages possibles.

Fumiers des basses-cours.

LES fumiers des basses-cours sont l'engrais qu'on emploie ordinairement pour améliorer les terres ; & ils produisent toujours un très-bon effet, lorsqu'on ne les met que dans celles qui les éxigent ; car toute sorte de fumiers ne conviennent pas à toutes les terres. Le fumier de bergerie, par exemple, le crotin de pigeon, font bien mieux sur les terres lateuses, humides, froides & argilleuses, que dans tout autre sol. Les fumiers de Vaches & de Chevaux conviennent aux chau-

des, & à celles où il se trouve des cailloux ou de la marne, du crayon ou
du sable. Tous les fumiers de basses-
cours, comme ceux de Chevaux, de
Vaches, de Moutons, de Porcs, &c.
mêlés ensemble font un très-bon effet dans toutes les terres, comme celles à blanc limon, terres franches,
lateuses, noires, & terres fortes. J'en
ai même fait mettre dans des terres
chaudes, casses, glutineuses; dans celles où il y avoit de l'argille & de la
glaise. Ces différens fumiers accom-
pagnés quelquefois de marne ou de
gazons y ont produit des effets mer-
veilleux. Mais ce à quoi il faut être
très-attentif, c'est de les y appliquer
dans les saisons convenables, de n'en
mettre que la quantité qui y est nécessaire, de le répandre également
par-tout, & de le faire enterrer au
premier ou au second labour au plus
tard. Par ces mesures, tous ces engrais ne feront qu'un corps avec la
terre ; & quelque diversité de saisons
qu'il arrive, ils lui feront toujours
donner d'abondantes productions. Ils
ne produiroient au contraire qu'un
très-mauvais effet, si on attendoit à

les enterrer avec ou peu de tems avant la femence ; car comme ces fumiers ne font prefqu'encore que de la paille qui a fervi de litière aux Chevaux & aux Vaches, fans être confommés, ils fe trouvent raffemblés dans certains endroits. La charrue les entraîne avec la femence, & empêche que la terre en foit par-tout également fournie. Ils rempliffent d'ailleurs le champ de mauvaifes herbes qui font périr le peu de bled qui pouffe dans les terres ainfi apprêtées. Les crotins de Brebis, de Pigeons & de Poulles font analogues à quelques terres ; mais pour qu'ils donnent la qualité dont elles ont befoin, il ne faut les y répandre qu'après le dernier labour. On y fait enfuite femer le bled. On enterre les uns & les autres avec la herfe, afin qu'ils ne faffent plus qu'un même corps avec la terre. Ils la réchauffent ; & les fels & les fucs que ces crotins procurent à la femence, la font germer plutôt, pouffer plus vîte, & lui donnent la force de réfifter à l'Hiver le plus rigoureux. Auffi les Fermiers qui attendent le mois de Mars ou d'Avril pour jetter fur la terre cet engrais, font-ils très-mal ; car dès que le foleil devient affez fort pour occafionner le hâle & la féchereffe, ces crotins brûlent la plante des bleds. D'ailleurs il réfulte un autre inconvénient, lorfque ces engrais, ainfi que tous les autres, ne font point répandus également par-tout : car certains endroits de la terre en ayant plus qu'ils n'en éxigent, ne donnent qu'une grande paille de bled veule qui ne préfente que de petits épis, & qui ne vient pas même toujours en maturité ; parce que le bled verfe, fe pourrit, & devient lui-même en fumier.

Les autres engrais capables de remplacer avec avantage les fumiers de baffes-cours, font le parc, les marnes de différentes efpèces, les diverfes terres neuves, les gazons des chemins & des friches, & la manière de mettre le bled en chaux, ou comme l'on dit dans certaines Provinces, de le chauler ou de l'enchauffer avant de le faire femer. Je les préfère aux premiers, non-feulement parce qu'ils font grainer davantage les bleds, mais encore parce qu'ils lui donnent une qualité bien fupérieure, qu'ils en fortifient les pailles, & qu'ils la rendent meilleure & plus nourriffante. C'eft une expérience annuelle que j'ai depuis 1742. jufqu'à préfent, fur un corps de Ferme, d'abord de deux, & enfuite de trois charrues, & compofé de plufieurs pièces de terre de différente nature. Le difcernement avec lequel j'ai fait appliquer ces divers engrais, m'a toujours fait parfaitement réuffir. Je vais le faire connoître; afin que ceux qui voudront s'y conformer, puiffent en retirer les mêmes avantages. Comme la manière dont je fais mettre le bled en chaux, lui procure un engrais très-confidérable, je commence par l'indiquer au Lecteur.

Manière de mettre le bled en chaux.

J'AI d'abord un tonneau défoncé ou un cuvier capable de tenir à peuprès un muid d'eau. Après l'en avoir fait remplir, je fais jetter dedans environ un boiffeau de crotes de Moutons, une pareille quantité de celle de Pigeons & de Poulles, un boiffeau

de bouze de Vaches, autant de fiente
de Chevaux , & environ un boisseau
de cendres de genièvre, ou de genêt, ou
de chêne. Si l'on pouvoit même former cette cendre dont je viens de parler de ces trois plantes, elle n'en seroit que meilleure. Je fais ensuite si
bien remuer tous ces ingrédiens avec
un bâton, une fourche, ou tout autre
instrument , qu'enfin ils ne font plus
qu'un même corps. On repéte cette
opération pendant cinq ou six jours.
Ces différens fumiers fermentent dans
cet intervalle comme du vin qui est
dans la cuve. Ce tems expiré, ce mêlange se calme, & se convertit en une
graisse qui produit les effets dont je
parlerai plus bas. Lorsque je veux
chauler ou enchauffer la semence , je
fais mettre cette eau ainsi engraissée
dans une chaudière de fer , ou dans
un chaudron dans lequel je jette une
poignée de genêt que l'on trouve dans
les bois. Quand il a bouilli avec la
liqueur cinq ou six minutes, on le retire en le laissant un peu égoutter au-
dessus de la chaudière ; & après y avoir
fait éteindre la quantité de chaux nécessaire, & l'avoir bien remuée avec un

bâton, je fais renverſer tout ce qui eſt dans la chaudière ſur le tas de bled que je veux ſemer: auſſi-tôt deux perſonnes remuent avec des pelles le grain trois ou quatre fois. Si tout le tas eſt bien mouillé, on ne doit plus y rien ajouter. Il n'en ſeroit pas de même s'il reſtoit des grains ſecs, & qui ne fuſſent point empreints de la liqueur: il faudroit en prendre dans le tonneau pour y ſuppléer. Ce bled ainſi chaulé, je le fais ſemer dès le lendemain, ſi je le juge à propos; mais ſi je diffère plus long-tems, & qu'il y ait quelque humidité, j'ai ſoin qu'on le remue tous les jours. Par cette attention je le garde douze ou quinze jours ſans qu'il ſe gâte. L'engrais que le bled mis en chaux, de cette façon porte avec lui, le rend d'autant plus propre à fructifier, que quand une terre n'auroit reçu que la moitié de ſon engrais ordinaire, ou qu'on n'y auroit mis que la plus mauvaiſe ſemence, elle produira davantage & de plus beau bled & de meilleure qualité, que celle qui auroit eu tous les engrais néceſſaires, mais qui n'auroit reçu dans ſon ſein que du bled enchauſſé

de toute autre manière. Quand même
on y mettroit un boiſſeau de ſemence,
& même plus, de moins, par arpent,
cette terre ſera toujours plus couverte
que les autres, lorſque les bleds ſeront
levés. Ma ſemence ainſi apprêtée eſt
préſervée dans les années ſeches d'être
mangée par les mulots, ſouris, & autres vermines, qui ne dévaſtent que
trop ſouvent celles des autres. Il en
réſulte encore un autre avantage.
C'eſt que les bleds germant trois ou
quatre jours avant ceux qui n'ont pas
reçu cet engrais, & pouſſant enſuite
plus vîte, en ſont plutôt mûrs, &
moins expoſés par conſéquent à être
gâtés par les pluies qui tombent communément vers la fin de la moiſſon.
Je les garantis toujours, dans toutes
les terres, des maladies de bruïne, de
bled teint de nielle, & de tous les
autres accidens funeſtes cauſés par les
brouillards, les vapeurs de la terre,
& les mauvaiſes influences de l'air.
Auſſi n'ai-je jamais ni bled bruïné, ni
teint, ni rouillé, ni ce qu'on appelle
niellé. Les mauvaiſes graines mêmes,
telles que l'yvraie & le faux bled, n'y
paroiſſent jamais. Je pourrois apporter

en preuve de ce que j'avance toutes les récoltes que j'ai faites depuis 1742 ; mais je me borne à celle de 1764. Tous mes voisins avoient des pièces de bled dont plus de la moitié étoit gâtée, tandis que je n'en avois pas un seul épi dans plus de 65 arpens. Quiconque ne voudroit pas m'en croire sur ma parole, pourroit se convaincre en venant voir ceux qui sont dans mes granges de Bellefontaine. Il demeure donc constant que ma façon de chauler la semence lui procure des sels & des sucs qui la purifient & lui donnent la meilleure qualité. Chacun peut en faire usage, puisqu'elle n'est composée que des matières que tout le monde peut fort aisément se procurer. Mais avant de finir cet article, je crois devoir avertir qu'autrefois j'ajoutois environ deux livres de sel de nitre aux ingrédiens dont je compose l'eau de mon chaulage : je les ai retranchées depuis trois ans, sans que mes récoltes en ayent été altérées en la moindre chose, parce que mes terres sont d'ailleurs pourvues de tous les engrais convenables ; ce qui est bien essentiel.

Toutes lotions , leſſives & lavages de bled ne peuvent qu'être nuiſibles à la ſemence. Le bled ne peut point être trempé dans aucune eſpèce d'eau, ſans qu'elle lui ôte toute la bonne qualité qu'il pourroit avoir pour une prompte production. D'ailleurs du bled ainſi lavé & détrempé ne ſera jamais totalement exempt des maladies dont j'ai parlé.

Pluſieurs perſonnes me demanderont ſans doute comment il ſe peut faire que la manière de mettre le bled en chaux empêche qu'il ſoit atteint de la bruïne , de la rouille & de la nielle ? Je ne puis leur répondre que par une comparaiſon. Il eſt certain qu'une nourrice qui alaite un enfant , lui communique les bonnes ou mauvaiſes qualités qu'elle renferme en elle-même. Si elle eſt ſaine , & qu'elle ne prenne que de bonnes nourritures, ſon nourriſſon ne ſera ſujet à aucune des maladies qui attaquent ceux qui ſucent un lait vicié par quelque maladie. Il en eſt de même de la terre : elle eſt la nourrice du grain. Si les engrais qui lui ſervent d'alimens ſont analogues à ce qu'elle doit produire ils y feront paffer une féve qui les fera fructifier avec abondance, & qui lui donneront une qualité propre à la mettre à l'abri de toute forte de maladies. Les pailles qui font comme les membres du bled, feront, pour ainfi dire, bien organifées ; elles auront plus de fucs & de nerf ; elles feront bien meilleures pour la nourriture des animaux. N'ayant aucune partie plus foible que l'autre, aucune maladie ne pourra les affecter dans aucun endroit : on ne trouvera donc plus, en fuivant ma méthode de fumer les terres & de chauler le bled, des épis à moitié gâtés. Ils feront tous également fains, parce que la nourriture que je donne à la paille, lui procure une conftitution qui la met en état de réfifter aux rigueurs de toutes les faifons.

L'étude du Laboureur doit donc être principalement de veiller à ce que fes différentes terres foient pourvues d'engrais analogues aux productions qu'il veut en retirer, que le bled foit bien purifié & fortifié par le chaulage, afin qu'il foit en état de recevoir une féve vigoureufe qui

le mette à l'abri des vapeurs ou exhalaifons pernicieufes qui peuvent for-
tir de la terre qui le nourrit, & des
malignes influences de l'air dont il
eft environné, & qui font toujours
plus ou moins fortes, felon que les
faifons de l'Automne ou de l'Hiver,
du Printems ou de l'Eté, font plus ou
moins feches, ou plus ou moins humides.

PARC.

JE ne trouve point d'engrais qui
puiffe aller de pair avec le parc. On
peut le jetter fur toutes les terres, de
quelque nature qu'elles foient. Il n'eft
queftion que d'être attentif à ne l'y
appliquer que dans le tems qui leur
convient. Vous y réuffirez toujours,
fi dans les terres franches, à blanc
limon, lateufes, * froides & autres terres

* Il y a trois fortes de terres lateufes.
Les premières ne font appellées lateufes que
parce qu'après une groffe pluie elles fe battent fi fort, que l'on peut y marcher à pied
fec. Les fecondes font lateufes & humides.
Elles font ainfi nommées, parce qu'elles fe
battent auffi. Et les troifièmes font nommées lateufes, froides & humides, parce

fortes , vous y mettez le parc avant d'y femer le bled. Il n'en feroit pas de même, fi vous fuiviez cet ufage pour les terres noires , creufes , veules, meubles & légères. Il faut, pour en tirer tout l'avantage poffible , ne les faire parquer qu'après qu'elles font enfemencées. Vous leur donnerez du corps par cette attention & de la confiftence. Votre bled fera moins expofé à verfer : fi vous agiffiez autrement, la paille en feroit fans nerf & fans force. Elle ne pourroit par conféquent fe foutenir, quand il furviendroit des mauvais tems.

Dans les terres chaudes de toutes natures n'appliquez le parc qu'après la récolte du bled , c'eft-à-dire , fur le chaume; mais ayez grand foin de le faire enterrer fur le champ. Après l'Hiver le parc aura jetté tout fon feu, & fera changé en graiffe; de forte qu'en

qu'elles fe battent de même; mais ces deux dernières confervent les eaux plus longtems , ce qui eft caufe que l'on doit les faire labourer en planche un peu plus bombées que les premières , avec des fang-fues qui les traverfent pour en faire écouler les eaux.

lui faisant encore donner un labour en Février ou en Mars, il vous procurera une abondante récolte d'avoine, d'orge, de bled de Mars, ou de tout autre menu grain : & quand ces terres seront en jachères, si vous les fumez à moitié de ce qu'elles devroient l'être dans toute autre circonstance, vous recueillerez beaucoup de très-bon bled l'année suivante. Il en résultera encore un plus grand avantage. Car comme les terres dont il est ici question, sont pour l'ordinaire remplies de toutes sortes de mauvaises racines ou graines, telles que la bouglande, le millereau, la rougeole, les chailliés ; les chardons de toute espèce, &c. le parc, appliqué comme je viens de le dire, fera périr & détruira toutes les graines & racines de ces plantes si nuisibles au bled. Il donnera de plus à ce dernier de la qualité, il en fortifiera la tige, & la rendra plus en état de supporter les différentes rigueurs des saisons. J'en continuerai l'année prochaine l'expérience sur plusieurs corps de Ferme d'environ cinq charrues, où il se trouve des terres de toutes sortes de natures : & l'on

verra que cet engrais peut fe multiplier beaucoup plus qu'on ne le croit
communément; parce que je démontrerai par des faits, que l'on peut parquer dans prefque toutes les faifons,
pourvu qu'on ait foin de faire ren-
trer le troupeau dans la bergerie, ou
fous un hangard quand le tems eft humide, quand il neige, ou quand les
brouillards font trop épais ou trop
fréquens. On fent bien que les petites gelées ne font point comprifes dans
cette exception ; car l'on peut faire
parquer alors : le troupeau s'en por-
tera beaucoup mieux, & les laines
& les chairs en feront meilleures.

MARNES.

LES marnes de toute efpèce peuvent s'appliquer à toutes fortes de terreins, de quelque nature qu'ils foient.
J'en excepte feulement ceux qui font
chauds par eux-mêmes, & qui portent déja dans leur fein de la marne,
des cailloux, du crayon ou du fable.
Mais une chofe à laquelle il faut être
très-attentif, c'eft de ne mettre dans les
terres à qui cet engrais convient, que

la quantité qu'éxige leur degré d'humidité. La marne franche qui eft en partie verte & graffe, eft bonne dans les terres fortes, lateufes, glutineufes, caffes, glaifeufes & argilleufes. Elle rechauffe le terrein, elle l'ameublit, elle donne de la qualité au grain & le multiplie ; elle rend la paille plus forte, & d'une nourriture plus agréable aux animaux. Les autres marnes font plus ou moins bonnes ; mais elles ont toutes la propriété d'exciter la végétation, de faire grainer le bled, & de lui donner de la qualité.

On peut conclure de ce que je viens de dire, que les décombres des maifons, telles que la chaux, le plâtre & autres efpèces, font très-bien dans les terres argilleufes & imbibées d'eau. Ces fortes d'engrais les défsèchent, & les empêchent de produire de mauvaifes plantes, telles fur-tout qu'une efpèce de marguerite, appellée chaillés, qui a une fi mauvaife odeur qu'elle infecte les granges & la paille des récoltes.

VESCES.

Il est un autre engrais qu'on peut aisément se procurer. Il consiste à semer en vesce la quantité d'arpens de terre que l'on veut mettre en bled. Dès qu'elle est poussée en herbe à une certaine hauteur, on la fait enterrer avec la charrue. Cet engrais donnera au moins une abondante récolte en bled, & autant en Mars. Cependant comme il est un peu dispendieux, je ne le conseille que dans le cas où l'on ne pourroit pas s'en procurer d'autres à moins de frais. J'en dis autant des gadoues, récurages d'abreuvoirs, de fossés, d'étangs, de marais, & de tous les fumiers artificiels, sur-tout dont les uns ne sont communément que de très-mauvais engrais, & les autres ne peuvent être que momentanés. En effet, à quoi bon avoir recours aux artificiels, puisque ceux que j'indique, & que tous les Fermiers ont chez eux, sont plus que suffisans, lorsqu'on fait les appliquer à propos à chaque espèce de terre pour les en pourvoir toutes, & qu'ils sont d'une

nature

nature excellente, tant pour procurer
une récolte saine & abondante, que
pour la rendre supérieure en qualité,
soit en grain, soit en paille & fourage? Au reste, j'ai expérimenté moi même qu'en cultivant mes terres, comme
je le décrirai plus bas, & en leur pro-
curant les engrais tels que je les dé-
taille ici, elles me procurent des pailles & des fourages pour engraisser par
sol d'une charrue quinze ou dix-huit
arpens de plus qu'on a coûtume de
faire. Je vais plus loin, & je ne fais
aucune difficulté d'avancer que, quand
même je me trouverois dans un pays
où les différens engrais dont il est ici
question, manqueroient absolument,
je n'aurois pas encore besoin de re-
courir à l'artifice pour m'en procurer;
parce que le parc, le fumier des basses-cours employé à propos, & ac-
compagnés de ma façon de faire labourer & de chauler la semence, me
donneroient seuls les plus belles récoltes. D'où je conclus que les prairies artificielles sont par-tout au moins
inutiles, pour ne rien dire de plus.

C

TERRES NEUVES.

On peut encore tirer un bon parti des terres neuves. J'appelle ainſi les terres que l'on peut prendre dans celles qui ſont franches, à blanc limon, latteuſes, graſſes, enfin dans toute ſorte de bon fond. Pour y parvenir, on fera d'abord enfoncer dans le premier labour la charrue de deux ou trois pouces ſeulement plus qu'à l'ordinaire, pour faire remonter ſur l'ancien ſol celui qui eſt au-deſſous. Cette terre neuve étant bien mêlée par les trois labours ſuivans avec celle qui commençoit à s'épuiſer, donnera des productions de la meilleure qualité. Cependant, avant de commencer cette opération, il faut s'aſſurer s'il n'y auroit point par-deſſous la terre qu'on a coûtume de labourer des veines de terre rouge, du crayon ou du tuf; parce que, ſi on ramenoit par-deſſus ce mauvais ſol, on gâteroit l'ancien pour long-tems. Comme les bons fonds d'ailleurs ſont rarement par-tout égaux, il eſt à propos, avant de faire enfoncer la charrue, de fonder avec une bêche ou tout autre outil, dans plufieurs endroits la pièce que l'on veut améliorer de cette façon. Dans fix cents arpens ou environ que je fais valoir, il n'y en a guère que quarante qui foient fufceptibles de cet expédient ; mais il s'en trouve d'autres où je puis former l'engrais complet, c'eft-à-dire, où je fais enlever un pied de terre plus ou moins de ces bons fonds pour la tranfporter fur des terres pleines de cailloux, de fable, de crayon ou de marne. Pour éviter la dépenfe, je la fais charrier de proche en proche, de façon qu'un bon Cheval fuffit pour traîner le tombereau. En agiffant ainfi, je me donne en même tems un double engrais. Le premier, parce qu'en enlevant un pied de terre de cet excellent fond, il devient naturellement une terre neuve qui peut rapporter fept à huit récoltes de fuite fans avoir befoin d'autre engrais. Le fecond, parce que cette bonne terre que je fais porter dans un mauvais fol, le rend bon pour toujours, & procure au moins trois récoltes, fans qu'il foit befoin de le fumer. Auffi plufieurs de mes terres que j'ai ainſi arrangées, & qui ne rapportoient autrefois que de mauvais ſeigle, donnent-elles aujourd'hui de très-bon méteil.

La terre, le gazon que je fais enlever des chemins, des friches, & des autres endroits où il s'en trouve, produiſent encore un très-bon effet dans les champs où il y a du caillou, du ſable, du crayon & de la marne. Le même tombereau qui tranſporte ces terres ou ces gazons dans les terres que je veux améliorer, charrient dans les chemins les cailloux que l'on y ramaſſe : par ce moyen on rend la terre moins caillouteuſe, & les chemins plus pratiquables. Au reſte je ne conſeille ces tranſports de terre neuve, de gazons, &c. que dans le tems de gelée ou très-ſec. Outre que l'on fait plus de voyages alors, & avec moins de Chevaux & de peines, c'eſt qu'il n'eſt pas poſſible de labourer, ni de faire d'autres ouvrages d'Agriculture.

Non-ſeulement tous ces différens engrais procurent aux terres des ſels & des ſucs qui les fécondent, ils ſervent de plus à ameublir le ſol. Pour en convaincre tous les Cultivateurs, je vais leur décrire ce que j'ai fait pour rendre meubles les terres fortes, glaiseuses, casses, glutineuses, &c. Ils savent tous par expérience que ces sortes de terres sont très-difficiles à labourer, parce qu'elles tiennent à la charrue, & qu'elles s'enlèvent par quartiers. Aussi en ai-je trouvé une quantité en friche à Belle-fontaine. Pour faciliter la culture de celles qui étoient les plus casses & les plus fournies de glaises, j'y ai fait mettre des marnes, des gazons, & différents fumiers des basses-cours. Dès qu'ils ont été bien mêlés par deux labours avec le sol, le troisième s'est fait sans peine ; & après leur avoir fait donner le quatrième pour semer, la terre étoit si ameublie, que les dents de la herse y entroient tout entières. Par le moyen de ces trois engrais cette terre a été fournie de sels & de sucs suffisans, au moins pour trois récoltes de suite, sans en exiger d'autre. D'ailleurs elle en sera pour toujours de meilleure nature, plus facile à cultiver ; & deux Chevaux, sans se fatiguer, suffiront pour la labourer, tandis

C iij

qu'auparavant trois pouvoient à peine
en venir à bout. Le charretier ou valet
de charrue en fera aussi beaucoup plus
à son aise : il ne fera plus contraint
de se cramponner, pour ainsi dire,
sur la charrue pour la retenir, ou d'en
ôter continuellement tout ce qui s'y
attachoit. Dans certains terres glaises,
la marne & les différens fumiers des
basses-cours suffisent pour produire les
mêmes effets ; & dans les grasses, les
fortes, la marne seule les y opère.

CHAPITRE III.

Des Labours & de la Semence.

QUELQU'essentielle que soit
cette partie de la cultivation,
on ne s'y applique pas avec assez de
soin dans la plûpart des Provinces
du Royaume. On y suit presque par-
tout les anciennes routines, sans examiner si elles conviennent ou non
aux terres que l'on veut faire valoir.
Il n'est cependant qu'une façon de
s'y prendre dans tous les pays de la
France, pour en tirer tous les avantages possibles. J'en ai parcouru presque toutes les Provinces; & après en
avoir bien examiné les différentes terres, j'en ai trouvé beaucoup qui se
ressembloient par leur nature, & dont
le sol étoit le même : d'où j'ai con-
clu qu'on pouvoit par-tout les labourer
de la même manière. Nous voyons
cependant tout le contraire. Dans le
Gâtinois, par exemple, les Fermiers
font indistinctement labourer toutes

leurs terres en fillons , & enterrer la femence avec la charrue. On fuit le même ufage dans une grande partie de la Brie. Dans certains cantons de la France on les met en planche ; & dans la Picardie & dans une autre partie du Royaume on les laboure à plat , avec une charrue à tourne-oreille , c'eft-à-dire, qu'elles font également unies par toute la pièce. Mais quels inconvéniens ne réfultent-ils pas de faire labourer de diverfes manières, non-feulement les terres de même nature , mais encore celles d'une nature différente ? D'abord la coûtume de mettre les terres en fillons eft très-préjudiciable à la récolte. En effet les raies qui terminent ces fillons des côtés , & qui font perdre un fixième du terrein , n'ont point de femence ; parce que la charrue la rejette à droite & à gauche, fans la difperfer également. Quand d'ailleurs il s'y en trouveroit, elle ne viendroit que très-difficilement en maturité , foit parce que les raies étant très-profondes elle y eft trop enterrée, foit parce que les eaux des pluies , y féjournant trop long-tems pendant l'Hiver la pourriffent & l'empêchent de pouffer. Qu'arrive-t-il encore d'un autre côté ? C'eft que pour l'ordinaire les raies de ces fillons font tellement remplies de mauvaifes herbes ou de mauvaifes plantes , qu'elles étouffent très-fouvent le bled à droite & à gauche ; de forte qu'il n'y a prefque de récolte à faire que fur le haut des fillons. Les inconvéniens fe multiplient, fi on feme ces fortes de terres à la charrue ; parce que, pour enterrer la femence , elle ne doit prendre de terre que ce qu'il en faut pour la couvrir : on ne donne par conféquent alors tout au plus qu'un demi-labour. Comment le deffous pourroit-il fuffifamment s'ameublir ? De-là vient que la racine du bled y trouvant trop de réfiftance , ne s'étend & ne s'épatte pas affez pour produire un épi parfait, & les eaux des pluies ne pouvant y pénétrer qu'à la longue, reftent trop long-tems, foit fur la fuperficie , foit entre deux terres. D'ailleurs la charrue , en renverfant la terre fur la femence, ne la couvre jamais tout entière, parce qu'elle tombe affez fouvent en motte, & toujours fort inéga-

C v

lement. Il y en a donc beaucoup de perdu. Aussi faut-il au moins un bichet de grain de plus pour la semence d'un arpent, que si on semoit, comme je le marquerai dans la suite. Ce n'est pas tout. Il y a communément beaucoup d'herbes dans les bleds semés à la charrue : on ne peut donc pas les enlever quand on le juge à propos. Il faut laisser faner ces herbes quelquefois pendant sept à huit jours. Des pluies surviennent dans cet intervalle , & le grain germe. Nous en avons un exemple bien récent dans la récolte de l'année dernière. Cet accident est arrivé à beaucoup de bleds dans le Gâtinois & ailleurs. Les miens ne l'ont jamais éprouvé depuis 1742. & Pourquoi ? Parce qu'ils sont sans herbes, toujours murs avant ceux des autres; & que quand le tems n'est pas décidé au beau, je les fais enlever à mesure qu'on le scie. En 1764. tous mes bleds étoient entrés dans mes granges le 31 du mois de Juillet ; tandis que mes voisins en avoient encore en javelle, & même sur pied le 22 du mois suivant. Quelles furent les suites de cette lenteur à faire ramasser leurs bleds ? Les plus funeftes. Ceux qui étoient encore fur pied, ont été en partie égrainés ; parce que la pluie ayant fait renfler le grain, la maille s'eft ouverte , & au premier vent ce grain eft tombé par terre. D'un autre côté ceux qui étoient en javelle, ont été en partie germés. Voilà donc une récolte prefque perdue. Les pailles & les fourages en ont été gâtés ; parce que les Laboureurs fe font aheurtés à fuivre les anciens ufages , & qu'ils n'ont pas été affez vigilans. Tant il eft vrai que l'activité eft prefque l'ame de l'Agriculture.

Au refte , comme ces fillons font étroits & fort hauts, & les deux dernières raies de chaque côté avant celles qui féparent ces fillons prefque droites , la terre fe trouve tellement en pente, qu'étant ameublie par la gelée , elle retombe prefque d'elle-même dans les grandes raies qui féparent les fillons. Ce qui ne peut arriver, fans que le peu de bled qui fe trouve dans les deux dernières raies qui achèvent de former le fillon, étant dans la même pente, ne foit déchauffé. Manquant alors de nourriture , il ne

C vj

pousse pas, ou très-peu. Survient-il d'un autre côté de fortes pluies ? Les sillons étant extrêmement bombés & étroits, ces pluies entraînent dans les grandes raies tous les sels & les sucs des engrais qui ont été mis dans les terres ainsi labourées ; & pour peu que le sol soit en pente, & que les raies, comme il est assez ordinaire, suivent cette pente, ils sont rapidement entraînés dans les terres qui sont plus basses ; parce que les raies tiennent lieu d'autant de sangsues qui ne servent qu'à énerver & déchausser le sol, en le privant de ce qu'il a de plus de besoin pour nourrir la semence qu'on lui a confiée. Enfin quand on enterre la semence avec la charrue, on est obligé, pour commencer le sillon, d'élever le plus qu'on peut les deux premières raies, & de les appliquer l'une contre l'autre : on rejette, en agissant ainsi, la plus grande partie de la semence sur l'endos des sillons. De-là vient que cette partie est souvent plus garnie qu'elle ne devroit l'être ; & les autres raies allant toujours en descendant, celles qui sont dans le bas n'en ont pas suffisamment.

Inconvénient que l'on évitera toujours en femant les bleds à la herfe , furtout quand la terre eft bien ameublie par de bons labours égaux , & par des engrais convenables à fa nature. On verra toujours par expérience que des terres labourées en planches plus ou moins bombées, fuivant que le terrein eft fec ou humide & femé à la herfe, non-feulement feront garanties de tous les accidens , mais encore qu'il n'y aura aucunes lacunes, la femence étant par-tout également répandue & mieux rangée, que fi on s'étoit fervi de femoirs à bras, de charrues à trémille, ou de tout autre inftrument, qui d'ailleurs augmente la dépenfe plus du double, fans compter que n'y ayant rien de particulier dans ma méthode, les Fermiers n'en font point effarouchés, puifqu'on n'y fait ufage que de la charrue & de la herfe. Ainfi il eft très-facile de faire valoir toutes les terres du Royaume , fans rouleau ni brife-mottes, la herfe pouvant mieux faire les opérations qu'on leur attribue, mais qui ne font jamais néceffaires, quand on a donné de bons labours à fes terres , & qu'on les a fournies d'engrais qui leur font analogues. Au reſte, quand il s'y trouveroit quelques mottes , le terrein étant bien ameubli, la charrue & la herſe feroient plus que ſuffiſantes pour les réduire en pouſſière.

Les terres franches à blanc limon, les terres lateuſes de toute eſpèce, les terres fortes, noires, chaudes & courtes, que l'on laboure indiſtinctement en ſillons dans le Gâtinois, ſont toutes labourées à plat dans la Picardie. Auſſi ai-je eu, il n'y a pas longtems, la douleur de voir dans les granges de cette dernière Province toutes les gerbes remplies d'herbes, & les pailles noires qui ſentoient le relant. Comment en auroit-il pu être autrement ? Dans les Hivers de 1763. & 1764. les eaux ont fait un trop long ſéjour dans ces terres , faute d'écoulement; & elles n'ont pu filtrer dans d'autres, parce que leur ſol étoit trop dur , attendu que pour ſemer on n'avoit employé que la charrue pour enterrer la ſemence; ce qui n'avoit donné qu'un demi-labour au ſol. On a beau tirer des raies dans ces ſortes de terreins labourés à plat; j'ai fait voir à M. Pan-

nellier Seigneur d'Annel entre Com-
piégne & Noyon , qui fait valoir fa
Terre , & qui mérite par les foins
qu'il fe donne pour y réuffir , d'être
mis au nombre des vrais amateurs de
l'Agriculture , qu'après la pluie confidérable du 13 Octobre dernier il y
avoit des ravines & des flaques d'eau
dans beaucoup de fes terres qui étoient
enfemencées. Il ne m'a point été dif-
ficile de lui faire comprendre que les
raies tirées avec la charrue n'étoient
d'aucune utilité , puifque les eaux reftoient dans les pièces. Les terres lateufes d'ailleurs étoient fi battues , qu'on
pouvoit y marcher d'un pied auffi fec ,
que fi on avoit paffé par un chemin
bien ferré. Dans les terres lateufes ,
froides & humides , & les terres noires meubles , les eaux y reftoient entre deux terres ; en forte qu'en comp-
tant d'y marcher quatre jours après la
pluie du 13 Octobre , on y enfonçoit
d'un bon demi-pied. Quant aux terres de la même efpèce qui fe trouvoient fur des pentes , & qui étoient
labourées de la même façon , les eaux
n'étant retenues ni par les fillons , ni
par les raies des planches , ni écoulées

par les fangfues, les ont déchauffées, y ont fait des ravines, & entraîné les fumiers, ainfi qu'une partie des femences, dans les prés qui étoient au bas. Eft-il furprenant, après ce défaftre, de voir les champs remplis d'herbes, de mauvaifes graines, & les récoltes gâtées, les granges par conféquent infectées de la mauvaife odeur des fourages? Le Laboureur qui ne fait le plus fouvent que fuivre fa routine, en attribue la caufe au tems & à la faifon; mais le véritable amateur dit: Il faut que je n'aye pas opéré avec affez d'attention; car l'Agriculture eft une étude, & non un fecret impénétrable. Ainfi raifonna M. Pannellier; & j'acquiefçai fans peine à ce qu'il me dit, puifque ce n'eft que par l'étude, les obfervations, les expériences réitérées, & la pratique, que j'ai acquis les connoiffances qui lui paroiffent fi utiles & fi néceffaires.

Mais comment faire, me demandera-t-on peut-être, pour empêcher qu'on ne fuive plus les anciennes routines de l'Agriculture? Comment faire? Je viens de le dire. Renvoyer à l'expérience tous les Laboureurs. Elle leur apprendra 1°. que toutes fortes de terres doivent être labourées en planches. Le Fermier y gagnera au moins un cinquième de terrein : car s'il le labouroit en fillons, les grandes raies n'auroient aucune femence. Si au contraire il faifoit donner fes labours à plat, fon terrein étant uni par-tout ne peut que refter tel qu'il eft naturellement. Il n'en eft pas ainfi de ma façon de faire labourer. Chaque planche étant bombée, en procure une augmentation confidérable : car par le mefurage que j'en ai fait faire dernièrement, j'ai trouvé que je gagnois huit à dix arpens fur cent que je mets en bled. 2°. Que la charrue & la herfe fuffifent feules pour les rendre fertiles. 3°. Qu'il faut au moins donner quatre bons labours également foncés à toutes les terres dans le tems convenable, avant de les femer à la herfe : 4°. qu'il faut faire le premier labour à celles qui doivent être mifes en jachères, le plus qu'on le peut pendant l'Hiver, & y faire charrier & enterrer dans cette faifon tous les fumiers dont elles peuvent avoir befoin. Il réfultera de cette pratique plufieurs avantages confidérables. D'abord le fol étant ouvert recevra bien plus aifément les fels & la graiffe que les influences de l'air, les brouillards, les tems gras de l'Hiver & la neige furtout y dépofent toujours, felon cet axiome, *Nix quæ cadit, opimat terram.* Elle produit encore d'autres effets. Jointe à la gelée, elle fait périr les mauvaifes herbes & les infectes, & la charrue pénétre enfuite plus aifément la terre; parce que rien ne l'ameublit mieux que de la labourer & de la fumer dans cette faifon. Quant au fecond labour, il eft très-important de le faire avant les grandes chaleurs; parce que le tems de hâle & le foleil ardent en enleveroient les fels & les fucs. Qui eft-ce qui ignore qu'ils en défsèchent & pompent jufqu'aux eaux qui s'y trouvent. Ne labourez donc dans cette faifon rigoureufe que quand de mauvaifes herbes, plantes, ou racines ont pouffé dans votre champ; car il feroit trop dangereux de les laiffer monter à un certain point, puifqu'elles ne peuvent le faire qu'aux dépens des fels & des fucs qui doivent nourrir le bled; & que d'ailleurs fi elles montoient en graine , elles l'en rempliroient totalement. Néanmoins lorfqu'on eft contraint de labourer dans cette faifon , autant qu'on le peut , il faut profiter des tems couverts & fombres. Le beau tems, le hâle , le foleil qui leur fuccède , défsècheront les mauvaifes herbes que la charrue aura déterrées & renverfées, & les feront périr.

Le troifième labour , pour les terres deftinées à mettre en froment , doit être commencé à la fin d'Août, ou au commencement de Septembre ; car pour celles qui doivent être enfemencées en feigle , il faut les préparer pour les faire femer le 15 , ou le 20 du mois de Septembre. On doit alors leur donner le quatrième labour auffi profond que les précédens. A mefure que la charrue retourne la terre , on en fait la femaille que l'on enterre à la herfe , après en avoir chaulé ou enchauffé la femence, comme je l'ai marqué au commencement du Chapitre précédent. Il eft certain qu'en fuivant ma méthode, la femence fe répandra par-tout plus exactement, & qu'elle fournira le champ, de façon

qu'on n'y appercevra aucune lacune.
Ce qui n'arrive pas toujours avec des
femoirs à bras, la charrue à trémille, ou avec toute autre machine à laquelle on voudroit donner cours.
Bien entendu que celui qui femera,
obfervera attentivement de proportion-
ner la quantité de femence qu'il convient de donner à chaque nature de terre; c'eft-à-dire, que plus une terre fera
bonne, forte, franche, &c. plus il
lui faudra de femence; plus elle fera
légère, médiocre, ou mauvaife, moins
il faudra lui en diftribuer. Par cet article, comme fur bien d'autres, je
me trouverai en conrradiction avec
un Auteur moderne qui vient d'an-
noncer au Laboureur, que plus une
terre eft bonne & forte, moins il lui
faut de femence : plus elle eft légère,
médiocre ou mauvaife, plus elle en
a befoin. Peut-on, avec tant d'années
d'expérience que l'on dit avoir, en-
feigner des principes auffi faux fur
l'Agriculture ? Vérité conftante dont
j'ai acquis la preuve par une infinité
d'expériences. Il eft d'autant plus
avantageux de s'attacher à mes principes, qu'ils font fondés fur une pra-

tique réitérée de plus de vingt années, & qui n'occafionneront aucuns
frais extraordinaires. Car encore un
coup avec la charrue & la herfe feulement je me procurerai toujours une
récolte plus belle & plus abondante,
que ceux qui font des dépenfes pour
fe fournir de tous les inftrumens que
l'on invente journellement, fous le
prétexte fpécieux de contribuer à la
perfection de l'Agriculture. Cependant j'ai des terres de toutes les efpèces. Dans les unes on trouve du
fable, du crayon, de la marne; dans
les autres des cailloux, un peu d'argille & de la glaife. Celles-ci font
chaudes, courtes, caffes, & glutineufes : celles-là font fortes, lateufes,
bonnes, humides & froides. J'en ai
de meubles, de noires, de franches,
& même quelques arpens en blanc
limon. Toutes ces fortes de terres, en
leur faifant donner quatre labours
d'égale profondeur, relativement à
leur différente qualité, en planche un
peu bombée, felon que le terrein eft
plus ou moins humide, ne gardent
jamais l'eau. Auffi n'y en a-t-il point
eu ni en 1763, ni en 1764, quelqu'hu-

mides qu'ayent été les Hivers de ces
deux années. Il est vrai que dans celles qui étoient les plus humides, j'en
ai fait écouler les eaux par des sangsues dans des fossés où elles ne pouvoient nuire : ce qui fait qu'il n'y a
pas un brin d'herbe dans mes gerbes
de la récolte de l'année dernière ; &
quelque gelée qu'il eût pu venir, elle
n'auroit jamais endommagé mes bleds.
Il n'en eût pas été de même de ceux
de mes voisins qui sont restés en
grande partie dans l'eau pendant un
tems considérable, quoique dans des
terreins bien moins bas que les miens;
la gelée les auroit assurément coupés en
grande partie par la racine. Si les terres
que j'ai vues en Picardie avoient été labourées en planche & semées à la herse
avec la semence chaulée ou enchaussée,
comme je l'ai dit plus haut, & que
les plus humides eussent été traver-
sées par des sangsues de même que
celles qui se trouvoient dans les pentes, la grande pluie du 13 Octobre
dernier n'y auroit point fait de dégât, soit en les battant trop, soit en
surnageant sur la superficie, soit en
restant entre deux terres, soit enfin

en dégradant celles qui étoient en pente. Ces dernières doivent toujours être labourées en travers, & jamais en suivant la pente ; afin que les eaux qui tombent, puissent s'écouler dans les raies de chaque planche, & de là se décharger dans les sangsues que l'on multiplie à proportion du besoin que peut en avoir le terrein qui doit être ensemencé, en les dirigeant toujours vers l'endroit où l'on veut qu'elles conduisent les eaux, sans causer aucun dommage. J'ai constamment suivi cette marche avec succès, comme je le ferai voir, lorsque je parlerai des moulières. L'on a dû remarquer que par ma façon de cultiver, de fumer la terre, & de mettre la semence en chaux, je garantis mes bleds des ravages de la glace, des mauvaises herbes & graines. Je fais plus. Je les mets encore à l'abri des sécheresses les plus grandes & des vents impétueux. En effet mes bleds ne souffrant en aucune façon pendant l'Hiver, quelque rigoureux qu'il puisse être, doivent être beaux & forts au Printems. Aussi suis-je obligé quelquefois d'en faire ôter en partie les fanes, ou de les faire manger par les beſtiaux. Des bleds de cette eſpèce, & même de moins forts, ne peuvent être altérés par aucune ſéchereſſe ; parce que la terre en étant parfaitement couverte, elle conſerve d'autant plus facilement ſon humide, qu'il s'y renouvelle tous les jours par le ſecours ou des vapeurs qui ſortent de ſon ſein, ou de la roſée qui tombe aſſez régulièrement tant le ſoir que le matin. Effet dont ne peut ſe reſſentir un champ qui n'eſt pas bien couvert par ce qu'il a produit pendant l'Hiver. Les miens en éprouvent encore d'autres. Tout le monde ſait quel dommage c'eſt pour un Fermier que ſes bleds ſoient verſés. Pour peu que les pluies continuent, ils pourriſſent ou ils germent. De-là vient que les pailles en ſont noires, gâtées, & ont ſouvent une ſi mauvaiſe odeur, qu'elles ne peuvent ſervir qu'à faire de la litière. D'ailleurs le grain ne murit que très-difficilement ; ſouvent même il n'en vient pas à ce point, & il y en a beaucoup moins que dans une récolte qui reſte toujours droite. Pour ſe préſerver de ce funeſte revers, le Laboureur doit

voir

voir par la nature de la terre quels engrais il convient de lui appliquer, pour donner de la force & du nerf à la paille. Les marnes, le parc, les différentes terres neuves, & la façon dont je fais chauler ou enchauffer ma femence, m'ont jufqu'à préfent, tant à Ville-parifis, qu'à Belle-fontaine, empêché d'avoir des bleds verfés, quoiqu'ils fuffent toujours plus grands & plus garnis que ceux de mes voifins. Il eft vrai que les ouragans & les tempêtes des deux dernières années en ont fait plier beaucoup; mais dès le lendemain ils fe font trouvés relevés, & fe font foutenus enfuite comme s'ils n'avoient éprouvé aucune fecouffe. Ce qui achève de démontrer que les engrais ont contribué à les rétablir dans leur premier état, c'eft que ceux qui n'avoient eu que des fumiers de baffes-cours, font reftés par terre. Les récoltes dont les terres & la femence font apprêtées, comme je l'enfeigne, font donc à l'abri de toutes les rigueurs des différentes faifons, je veux dire de la pluie, de la gelée, de la fechereffe, & des vents les plus confidérables. Voyons main-

D

tenant quels font les labours, & comment on doit les donner pour difpo-fer les terres à recevoir les avoines, les bleds de Mars, & les autres menus grains. Voici ce que j'ai conftamment fait , & qui m'a toujours procuré jufqu'à préfent la récolte la plus abondante. Je fais donner les labours aux terres à mettre en Mars fitôt que les bleds font enfemencés , afin qu'elles puiffent avoir reçu un labour avant, ou tout au plutard pendant le commencement de l'Hiver. Si le tems eft favorable , je fais donner le fecond labour le 10 ou le 15 de Février. On jette tout de fuite la femence pour profiter des avantages du Proverbe qui porte que *les avoines de Février rempliffent le grenier.* En effet , j'ai toujours expérimenté depuis 1742 , que je n'ai jamais eu d'avoines plus grainées, de meilleure qualité, & plus abondantes en bon fourage que celles qui avoient été femées dans ce mois. Et s'il m'eft arrivé d'en avoir quelquefois plufieurs arpens de gelées, j'en ai toujours été bien dédommagé ; car le troifième labour que je fais donner alors, joint au petit engrais que le

grain gelé avoit procuré à la terre,
y ont fi bien fait, que ces arpens m'ont
toujours donné douze à quinze bichets plus que ceux dont la femence
n'avoit point été altérée par la gelée.
Ainfi par le moyen d'un labour eftimé
4 liv. & de trois bichets d'avoine que
j'ai fait ajouter, & que j'évalue à 3 liv.
j'ai retiré le montant de 12 à 15 liv.
Il demeure donc pour conftant que
je n'ai rien perdu en faifant de nouveau femer mes terres. Au refte l'accident de la gelée n'eft pas annuel ;
car il ne m'eft arrivé que deux fois
depuis cinq ans que je fais valoir à
Belle-fontaine.

Je ne borne cependant pas mes
foins à ce que je viens de décrire.
Dès que mes avoines font hautes de
quatre à cinq pouces , je les fais toutes herfer par un tems un peu fec de
deux ou trois dents , felon que la dif-
pofition du fol l'éxige , ou qu'il y a
trop de plante. Cette opération en
enlève le fuperflus , arrache les mauvaifes herbes , donne une façon à la
terre , l'ameublit , & lui procure une
efpèce de binement ; en forte que , s'il
furvient une pluie , la plante fe relève,

D ij

se perche, & pousse des franges bien plus belles, que celles qui n'ont point eu cette façon. Je la fais aussi donner quelquefois par un tems sec dans le Printems à mes bleds qui ont été les derniers semés ; parce que les rigueurs de l'Hiver les ont empêchés de se fortifier. Outre les avantages dont je viens de faire la peinture, je garnis leurs pieds de terre, en sorte qu'on les voit pousser à vuë d'œil, & très-souvent ils deviennent aussi beaux que les premiers semés. Ordinairement même, quand ils ne sont pas bien forts, je fais passer dessus au mois d'Avril la herse à l'envers, ce que l'on appelle, en terme de Laboureur, faire poudrer les bleds. Par cette façon on écrase les petites mottes que l'Hiver a formées, ce qui renchauffe le pied & la racine des bleds. Que l'on ne cherche donc plus de nouveaux instrumens pour leur donner au Printems de nouveaux labours, puisqu'on peut faire beaucoup plus avantageusement avec la charrue & la herse seules toutes les opérations de l'Agriculture. En effet, en ne faisant usage que de la dernière en 1764, j'ai sauvé toute ma récolte de Mars , tandis que les fecherefles ont prefque fait périr une bonne partie de celle des autres. Pendant que les pluies étoient fufpendues, j'ai fait deux fois herfer mes avoines pour defceller le fol , l'ameublir , & donner du jeu à la plante , qui feroient prefque toutes péries fans cette précaution , tant la terre étoit endurcie & maftiquée. Les pluies font tombées après ces deux façons , & mes avoines ont pouffé avec tant de célérité, & font devenues fi fortes , même dans les plus mauvaifes terres , que les gens du pays & les étrangers qui font venus chez moi, en ont été dans le plus grand étonnement. Je prends encore d'autres mefures pour recueillir tous les fruits des foins que je me fuis donnés. Au lieu de faire faucher mes avoines, je les fais toutes fcier. J'évite par ce moyen les pertes qu'occafionne le fauchage, qui font plus grandes qu'on ne le penfe communément. Je fais par expérience qu'en les faifant faucher , on perd d'abord au moins la femence. D'un autre côté, comme on ne peut

pas les retourner pour les faire ja-
veller également par-tout, une affez
grande partie tombe avec la paille
quand on les vanne. De plus étant
collées par terre, depuis qu’on les
fauche jufqu’à ce qu’on les ramaffe,
elles germent quelquefois, & l’herbe
dans cet intervalle, ou l’avoine même
qui eft tombée venant à pouffer, elles
s’entrelaffent dans les ondains : on eft
par conféquent obligé de forcer le
rateau pour les en arracher ; ce que
l’on ne peut faire, fans qu’il en
tombe encore au moins une femence , & toujours la plus belle & la
plus mure. Pour moi, fans qu’il m’en
coute beaucoup plus, je me fuis toujours mis, non-feulement à l’abri de
toutes ces pertes ; mais j’ai donné
encore à mes avoines une qualité fi
fupérieure à celle des autres, que
je les vends toujours au marché de
Montereau trois ou quatre fols par
bichet plus que les autres. Tels font
les avantages que l’on retire de ma
façon de labourer les terres , de
les fumer, de mettre en chaux la
femence , & de faire la récolte.
Quiconque voudra s’y conformer ,

tirera un très-bon parti de fes terres, même les plus mauvaifes, foit
pour l'abondance des pailles, foit
pour la quantité & la qualité des
grains, foit pour la fanté des hommes & des animaux domeftiques.

CHAPITRE IV.

*Moyens de conserver sans ris-
ques & sans frais les bleds
pendant plusieurs années.*

SANS m'arrêter à combattre les
différens systêmes que l'on a pro-
posés jusqu'à présent sur la nécessité
de conserver pendant long-tems les
bleds sains & saufs, je me contenterai d'indiquer un moyen sûr pour y
réussir. Je le présente avec d'autant
plus de confiance, qu'il n'éxige aucuns frais, & que j'en ai fait l'expérience avec succès.

Il est fort simple. Le voici. Quand
le bled est battu, on le laisse dans sa
paille, c'est-à-dire, dans la paille au
vent. A mesure qu'on le bat, on le
met de côté, soit dans un coin de la
grange, soit dans tout autre endroit
un peu sec ; & dès qu'on a rentré
dans la grange des gerbes de bled
de la nouvelle récolte, autant qu'il

en faut pour former trois lits, & les avoir bien entassées, on fait jetter dessus, le bled qu'on a gardé dans sa menue paille, environ l'épaisseur de deux ou trois pouces. Cette opération faite, on forme de nouveau deux lits de gerbes, sur lesquelles on répand la même quantité de bled dans sa menue paille, & l'on continue de la sorte à proportion de la quantité qu'on veut en garder. Ce grain ainsi mêlé avec la nouvelle récolte s'y façonne, sue de nouveau, se régénère, pour ainsi dire, dans le tas, y acquiert une qualité qu'il n'avoit point ; & jamais il ne s'y gâtera, pourvu que la nouvelle récolte soit saine & bien seche. Ce bled, quoique gardé pendant cinq ou six ans, peut servir de semence, comme je l'ai expérimenté en 1746. Il est d'ailleurs plus en sûreté dans cet endroit que dans tout autre ; car il n'est pas possible que les rats, les souris, ou les autres vermines puissent y entrer, tant il est serré dans le tas, soit par sa pesanteur naturelle, soit par celle des gerbes dont on le couvre. L'air même n'y peut pénétrer. Il n'y a donc

qu'à gagner à cette façon de conserver le bled, puisqu'elle le bonifie;
& je ne puis mieux comparer le grain
ainfi gardé, qu'au bon vin vieux, qui
eft d'autant plus excellent qu'il a plus
d'années. Auffi le bled de fix ans fe-
ra-t-il toujours meilleur que celui de
la nouvelle récolte, & même de deux
ou trois ans.

En faifant vanner le bled, fur-tout
avec le moulin dont on fe fert en
Picardie, on peut encore le confer-
ver dans le grenier fain & fauf pendant deux ou trois ans, pourvu que
la récolte en ait été bien faine & fe-
che. On ne peut trop recommander
l'ufage de cet inftrument. Il fait tout
à la fois quatre opérations par le feul
fecours d'un jeune homme de douze
à quinze ans. Il jette environ 18 pouces derrière lui la menue paille; là
pouffière & les mauvaifes graines tombent à travers un grillage de fer fur
lequel le bled fe façonne : dans le
deffous du moulin font les balles, ou
comme l'on dit ailleurs les ottons; &
le bled bien nettoyé & bien purifié
tombe dans le devant. Il eft, felon
moi, la plus utile & la plus néceffaire

machine qu'on ait jamais inventée pour l'avantage de l'Agriculture. Elle est bien moins fatiguante que le van. Elle épargne les mains d'œuvre, & met le bled d'une seule opération dans l'état où il doit être à quelque usage qu'on le destine. Les deux moyens que je viens de proposer pour garder sans aucuns frais des bleds pendant plusieurs années, ne suffiront-ils pas, sans en employer d'autres, presque toujours dispendieux, quelquefois même peu sûrs ?

On trouve ce moulin à Paris chez un Menuisier rue des Prouvaires. Le prix modique qu'il coute, donne à tout les Fermiers la facilité de se le procurer. Celui qui les vend, en a fait qui sont aussi très-utiles pour vanner les avoines. En en faisant usage, il n'y reste ni poussière, ni mauvaises graines qui sont si pernicieuses aux Chevaux.

CHAPITRE V.

Moyens d'améliorer les Prés bas & les Prés hauts.

ILs sont assez simples & en petit nombre pour les prés hauts. Le principal est de ne pas les fumer. Ces sortes de sols ont assez de sels & de sucs pour n'avoir besoin d'aucun engrais. Qui ne sait pas qu'en les faisant labourer pour y semer du grain, ils rapportent sept ou huit récoltes de suite sans en éxiger aucuns ? Je l'ai plusieurs fois éprouvé depuis 1742. Preuve bien évidente que les prés hauts se suffisent à eux-mêmes pour leurs productions. Supposé néanmoins que la récolte fût plus abondante en conséquence du fumier qu'on y auroit mis , on n'en retireroit pas de plus grands avantages ; parce que cet engrais donnant un fort mauvais goût à l'herbe qu'elle conserve pendant deux ou trois années , les animaux n'y veu-

lent pas toucher, & en foulent aux
pieds les trois quarts ; ou s'ils en
mangent, pluſieurs en ſont malades,
quand l'engrais que l'on a employé
eſt d'une mauvaiſe nature : tels que
le ſont, par exemple, ceux de ga-
doue, de balayeure de cuiſine, &
autres ſemblables. Il eſt vrai que quelquefois ces engrais font périr la mouſſe
qui, en empêchant les productions de
bonnes herbes, n'en occaſionnent que
de mauvaiſes. Mais il y a un moyen
plus ſûr pour la détruire, ſans aucun
inconvénient. C'eſt d'y bien faire
paſſer pendant l'Hiver, dans les tems
ſur-tout qui ſont couverts de neige,
une herſe à dents de fer, juſqu'à ce
que toute la mouſſe ſoit arrachée. Par
cette opération, non-ſeulement vous
l'enleverez tout entière, mais vous
la mêlerez encore avec la terre que
les taupes ont ramenée ſur le ſol, avec
la neige, & avec tous les excrémens
des beſtiaux qui y auront auparavant
pâturé. Ce mêlange formera un engrais bien plus analogue à la nature
de vos prés, & vous ne craindrez
pas d'en éprouver aucune mauvaiſe
ſuite. Après les gelées, & quand

l'herbe commencera à pouffer, vous ferez paffer plufieurs herfes à l'envers fur ce fol. Vous ameublirez par ce moyen tous les engrais, & vous rechaufferez le pied de l'herbe. Non-feulement elle en produira beaucoup plus, mais elle fera encore d'une meilleure qualité; & vous rendrez par là utile à vos prés ce qui leur auroit été nuifible, fi vous l'euffiez laiffé dans l'état où il étoit auparavant. Néanmoins fi vos prés hauts éxigeoient abfolument quelqu'autre engrais, vous ne pourriez pas leur en donner de meilleur que le parc : il détruira toutes les mauvaifes herbes, les racines, la mouffe, & tout ce qui pourroit nuire aux bonnes productions; & s'il eft appliqué à propos, il n'en fera faire que de très-faines & très-abondantes: avantage que ne procureront jamais dans cette partie tous les fumiers de baffes-cours & les autres engrais.

On peut arranger de même les prés bas & les marais qui font trop humides. Ils ne donnent ordinairement que de l'herbe aigre & rouillée; parce que les eaux y croupiffent & s'y corrompent. La rouille s'y attache même

quelquefois si fortement, qu'on ne
peut l'en détacher en la faisant faner pour en faire du foin. Aussi les
Chevaux ne veulent-ils point en manger la plûpart du tems ; & si les Vaches s'en nourrissent, elle les brûle,
ou elle les pourrit avec le tems. Il
arrive même assez ordinairement que
plus elles en mangent, plus elles veulent en manger ; parce que cette sorte
de nourriture leur passe aussi facilement qu'un remède. Comme elle ne
séjourne pas dans le corps, ces animaux ne donnent presque point de
lait, maigrissent insensiblement, &
dépérissent à vuë d'œil. Elle est aussi
nuisible aux autres bestiaux. Pour pré-
venir ces effets funestes, faites au-
tour & à travers de vos prés bas &
marais des fossés assez grands pour en
épuiser les eaux. La terre que vous
en retirerez, pourra non-seulement être
jettée & répandue sur les prairies
mêmes, mais encore être transpor-
tée sur les terres propres à être mises en labours, & qui n'en sont point
éloignées. Elle leur fera beaucoup plus
de bien, & les fumera pour plus de
tems que tous les fumiers de quelque

efpèce qu'ils puiffent être. Ces opérations faites , on pourra les herfer de la manière que je l'ai enfeignée en parlant des prés hauts. L'herbe a changé de nature dans les prés bas où j'ai pris cette précaution , & depuis trois ans elle y eft plus abondante & meilleure. Les voitures y paffent, comme par-tout ailleurs, tandis qu'auparavant elles ne pouvoient y entrer fans que les roues y enfonçaffent jufqu'au moyeu. Auffi étoit-on obligé d'en tranfporter à bras une bonne partie des productions. Les beftiaux y vont auffi plus aifément , & y trouvent une nourriture plus bienfaifante.

Ce n'eft donc point à former des prairies artificielles , en général fi nuifibles aux beftiaux, qu'il faut s'occuper , mais à rendre fertiles celles qui fubfiftent déja. Je conviendrai volontiers que l'Auteur de la Nature n'a pas créé inutilement la luzerne , le tréfle, &c. mais cela ne doit pas empêcher d'avoir attention de ne mettre ces fortes de graines que dans les pays où les vapeurs & les exhalaifons de la terre & les influences de l'air

ne font point aſſez fortes pour les
rendre nuiſibles aux animaux, & dans
les terres où elles viennent avec plai-
ſir. Quelqu'un ignore-t-il que la luzerne de Provence eſt plus eſtimée
que celle des autres climats ? Au reſte,
il eſt aſſez inutile de mettre, dans
quelque contrée que ce ſoit, en prairies artificielles, des terres propres à
rapporter du bled & du bon fourage ;
puiſqu'en mettant en bon état les prairies naturelles, elles ſont plus que
ſuffiſantes pour pourvoir à la nourriture des beſtiaux, & que d'ailleurs
on peut faire valoir dans toute forte
de pays tel corps de Ferme que l'on
voudra, ſans aucune prairie artifi-
cielle. Les animaux étant alors plus
ſainement nourris s'en porteront
beaucoup mieux.

CHAPITRE VI.

Comment on peut faire, presque sans frais, les défrichemens.

TOus les défrichemens, de quelque nature qu'ils soient, ne doivent être faits qu'avec la charrue dans les mois d'Octobre, de Novembre, de Décembre, ou de Janvier. Etant retournés dans cette saison, le gazon se pourrit pendant l'Hiver; & la terre, en s'ameublissant, devient propre à bien enterrer la semence qu'on y jettera dans le mois de Février ou de Mars, selon le tems qu'il fait dans l'un ou l'autre de ces deux mois : car s'il est beau dans le premier, on ne doit point hésiter d'ensemencer les défrichemens. Pleins de sels & de sucs que la neige, les brouillards, les vapeurs de la terre, & les influences de l'air y ont déposés, ils sont bien plus propres à la production, que si on les eût faits pendant l'Eté ; parce qu'alors les sucs & les sels qu'ils auroient renfermés se feroient évaporés, ou auroient été desséchés & brûlés par la grande chaleur & les ardeurs du soleil. Il est aisé de juger par ces effets funestes , combien la méthode de ceux qui enseignent qu'il faut brûler le gazon , doit être pernicieuse ; & combien il est essentiel de ne la pas laisser accréditer. Tout ce que l'on peut donc faire dans cette saison, c'est de mettre les défrichemens qu'on doit faire, en état de recevoir la charrue à la fin de l'Automne, ou au commencement & pendant l'Hiver : je veux dire qu'il faut en faire arracher toutes les racines , & ôter tous les obstacles qui pourroient arrêter la charrue. Cette opération se fait ou au profit de celui qu'on emploie , & alors on ne lui donne point d'autre salaire ; ou au profit du propriétaire. Si on prend ce dernier parti , quoiqu'alors on paye l'ouvrier, on y gagne quelquefois par la quantité de racines & de bois qu'on en retire. Il est vrai qu'il se trouve des défrichemens où il en coute beaucoup plus , parce

qu'il fe rencontre des roches ou pierres, dont on ne peut retirer aucun
avantage ; mais l'on en eft bien dédommagé par les récoltes réitérées
qu'ils procurent.

Après la première récolte de ces
défrichemens, qui eft toujours affez
bonne, je les fais labourer dans la
même faifon que la première fois ;
parce qu'indépendamment des avantages dont j'ai déja parlé, le gazon
qui eft pourri, de même que les petites racines qui font reftées dans cette
terre, forment un engrais qui procure
trois ou quatre récoltes de fuite dans
les terres médiocres : dans les bonnes & les mauvais prés que l'on défriche,
fix, fept ou huit, fuivant la nature du
fol, fans avoir befoin d'aucun amen-
dement.

La première femence qu'on doit
mettre dans les défrichemens, eft
celle d'avoine. C'eft la feule qui
vienne plus facilement dans les terres que l'on commence à mettre en
culture ; & ce grain fe plaît même
dans la friche. Car pour y femer du
bled, il faut attendre que la terre
n'ait plus que les fels & les fucs né-

cessaires pour sa production. Autrement les bons terreins n'étant pas suffisamment usés par les menus grains, les bleds venant à verser, la paille en seroit gâtée, peut-être même pourrie, & les épis très-peu garnis de grains. D'ailleurs le sol n'étant pas encore bien ameubli, cette plante qui ne se plaît pas dans les défrichemens, n'y feroit sa production que très-difficilement. J'ai fait défricher de mauvais prés : j'en ai déja tiré cinq récoltes de suite d'avoine. Je compte encore en faire deux ; & après la septième, y faire donner sur le champ un labour, le second en Septembre, & le troisième en Octobre, pour les ensemencer en bled froment. Ce seront donc huit récoltes de suite que j'en aurai tirées sans y avoir mis aucun engrais, & j'espère encore en avoir l'année suivante, après deux bons labours d'Hiver, une abondante récolte d'avoine, qui fera la neuvième.

Quelqu'un me dira sans doute : Pourquoi ne faites-vous donner qu'un labour à ces terres nouvellement défrichées pendant ces sept premières récoltes, & cela toujours pendant l'Hiver ? Il est aisé de satisfaire ceux qui n'en sentent pas la raison. C'est pour en ménager les sels & les sucs ; parce que rien dans cette saison ne peut les altérer. C'est encore le même motif qui m'engage à ne les faire enfoncer que peu à peu ; parce qu'en ramenant sur ce sol dans les deux ou trois premières années un peu de terre neuve , j'ai une récolte plus abondante en paille & en grain. Ceux-là se trompent donc bien grossièrement qui prétendent qu'il faut renvoyer les défrichemens à un autre tems, & attendre que les autres terres soient dans toute leur valeur ; car rien n'est plus avantageux pour exécuter la dernière opération, que de faire défricher. Les fourages abondans qu'on en retirera, seront très-utiles pour fumer les autres terres qui seront en jachère. J'ose donc assurer que tout doit porter à y travailler sans relâche. Le Gouvernement en sent bien la nécessité depuis quelque tems, puisqu'il seconde la bonne volonté de ceux qui ont le courage de les entreprendre. On raisonne encore assez mal, lorsqu'on dit qu'il faut enfoncer les terres d'un pied ou de neuf pouces. Car outre qu'on n'y réuſſiroit pas, même à force de tirage dans preſque toute ſorte de ſol, ceux ſur leſquels l'opération pourroit s'exécuter, pourroient bien ne pas procurer une ſeule bonne récolte.

Les défrichemens qui ſont enclavés dans les terres qui ſont en culture, ſont encore plus néceſſaires : car ils ſervent de retraite à toutes ſortes de vermines, qui mangent & dévorent dans certaines années toutes les récoltes des terres qui les avoiſinent : tels ſont les mulots, les ſouris, & les gros vers qui produiſent les hannetons. On y trouve même, en les faiſant défricher, juſqu'à des nis de lézards & de couleuvres. Le ſeul moyen de détruire tous ces inſectes, eſt de mettre les terres en valeur.

Voici comment je m'y ſuis pris pour cultiver celles qui étoient en friche, à cauſe des roches dont elles étoient remplies. J'en ai fait enlever les moins groſſes. J'ai fait enterrer les autres en les faiſant tomber dans de grands trous ou foſſés que je faiſois creuſer auprès : je les ai fait enfuite couvrir de terre, de même que celles qui n'étoient que fur la fuperficie du fol ; afin de pouvoir labourer par-tout, fans que la charrue fût arrêtée ou brifée. J'ai retiré un double avantage de cette opération. 1°. J'ai rendu toute ma terre labourable. 2°. En la faifant creufer, j'ai trouvé de très-bonne marne que l'on tiroit aifément, puifqu'elle n'étoit qu'à un pied en terre : j'en ai fait tranfporter fur le même fol où je l'avois trouvée, & qui en avoit befoin, de même que dans d'autres terres qui en étoient proche ; & elles m'ont procuré en 1764. des récoltes plus belles & plus abondantes que celles où je n'avois fait mettre que des fumiers de baffe-cour. Quant à celles où les pierres n'étoient pas plus groffes à peu-près que des moëllons, & de moindre groffeur, je me fuis borné à les faire voiturer dans les chemins, en faifant ramener dans ces mêmes terres de la marne, du gazon, ou de la terre neuve. Je n'ai plus été expofé à voir mes charrues brifées : mes chevaux & mes charretiers en ont beaucoup moins de mal.

&

& elles n'ont plus étouffé ni brûlé la plante du grain, comme elles auroient fait, lorſqu'elles auroient été échauffées par l'ardeur du ſoleil.

On s'y prend autrement pour rendre fertiles les terres incultes qui ſont auprès des bois. Il eſt également intéreſſant & pour les terres, & pour les bois, qu'ils ſoient ſéparés par de bons foſſés profonds, & à pied droit le plus qu'on le peut. D'abord la terre ou la marne qu'on en retire, peut ſervir d'engrais, en la faiſant répandre ſur le ſol ; & les racines du bois & les ronces ne pouvant plus s'étendre dans cette terre, elles n'en épuiſent plus ni les ſucs, ni les ſels ; & l'ombre du bois étant plus éloignée, ne peut plus nuire à la récolte. On empê-che de plus par cette précaution les vermines d'aller manger le bled ; & ſi on ne ſe garantit pas tout-à-fait des lapins, il eſt très-certain qu'on diminue beaucoup le dégât qu'ils iroient y faire. D'un autre côté le bois ayant plus d'air, en profite beaucoup mieux, & les beſ-

E

tiaux ne peuvent plus s'y glisser pour le dégrader.

Ces sortes de fossés sont aussi très-utiles le long des chemins & voiries, sur-tout lorsqu'ils sont fréquentés par les bestiaux que l'on mène aux Foires : j'en ai fait l'expérience dans la terre de Bellefontaine. Outre que j'ai rendu ces chemins plus praticables, c'est que j'ai encore garanti les grains des ravages des bestiaux que l'on conduit à la Foire de Flagi. J'ai empêché la récolte d'être renversée par les eaux qui tomboient, dans les tems d'orages, des montagnes & buttes dont mes terres sont environnées. J'ai détourné les sources qui en submergeoient une partie; & en mettant les chemins dans leur largeur nécessaire, j'ai gagné plusieurs arpens de terre qui n'étoient auparavant que des friches, & d'aucun rapport. C'est donc à tort qu'un Auteur moderne s'élève indistinctement contre les fossés : car s'ils peuvent être inutiles dans quelques circonstances, ils sont très-avantageux dans bien d'autres. Je ne dis

rien ici des terres qu'on ne peut
cultiver à caufe des moulières qui
les inondent ; je me referve à en
parler, lorfque je traiterai cette matière en particulier dans le Chapitre fuivant.

CHAPITRE VII.

Des Sources & Moulières.

IL paroît affez inutile de chercher à faire connoître combien il eſt eſſentiel de faire perdre les ſources & moulières, qui ſe trouvent dans des terres propres à être miſes en culture. Qui eſt-ce qui ne ſait pas que les grains qui ſont dans des terres où l'eau ſéjourne trop pendant l'Hiver, ſont expoſés ou à pourrir, ou à être coupés par la racine, lorſqu'il ſurvient de fortes gelées? La terre ne produit, après ces accidens, que de mauvaiſes herbes ou plantes qui y gâtent & corrompent dans les granges, la plûpart du tems, le peu de bled ou d'autres grains qu'on a recueillis. Il eſt donc de la dernière conſéquence de ne rien négliger pour faire perdre les eaux dans toutes les terres deſtinées à être miſes en labours. J'ai déja fait entrevoir qu'il n'y a

aucune nature de terre qui ne foit
fufceptible de cette opération ; & on
y reuffira toujours, foit en les labou-
rant, comme je l'ai dit plus haut, en
planches plus ou moins larges , plus
ou moins bombées , & en leur faifant
donner quatre bons labours d'égale
profondeur. En y femant enfuite les
grains à la herfe , après y avoir mis
les engrais convenables, & avoir bien
ameubli le fol, les eaux s'y filtreront
toujours aifément ; fur-tout, fi l'on a
foin , quand elles font trop abondantes, d'y faire des fangfues qui traverfent les planches.

Les moulières ne font occafionnées
que parce que le fol de deffous eft fort
pefant, caffe, glutineux, ou glaifeux.
L'eau ne pouvant y pénétrer refte
fur la fuperficie ou entre deux terres.
On lui facilitera fûrement le paffage ,
fi on commence à faire conduire dans
ces fortes de fols deux ou trois tombereaux de marne de plus que dans
les autres terres. Il faut enfuite y faire
voiturer du gazon ou des terres neuves, des endroits un peu fablonneux ,
& différens fumiers mêlés de baffe-
cour. Ces trois engrais avec les qua-

E iij

tre labours que j'ai fait donner à ces
terres, les ont tellement ameublies,
que deux Chevaux ne fatiguent pas
plus à y tirer la charrue, que s'ils
étoient dans les terres franches,
tandis qu'auparavant trois suffisoient à
peine. En retournant cette terre, la
charrue en enlevoit des parties qui
pesoient jusqu'à 50 ou 60 liv. & elle
s'en remplissoit de façon, que le charretier étoit continuellement obligé de
la recurer. Aussi quoique l'Hiver ait
été fort humide en 1764, n'y est-il
pas resté une seule goutte d'eau.

Je n'ai rien à ajouter à ce que j'ai
dit ailleurs des sources que j'ai dé-
tournées par le moyen des fossés que
j'ai fait creuser, & que j'ai fait conduire tant par des sangsues, que par
de petits fossés, soit dans mon potager, soit dans d'autres endroits : ainsi
je me contenterai d'indiquer les
moyens dont je me suis servi pour
faire perdre dans la terre même les
différentes sources qui en inondoient
des portions. Je me suis d'abord at-
taché à découvrir d'où venoient ces
sortes de sources ; & après m'être bien
assuré de l'endroit où elles commen-

çoient, j'ai fait faire des sangsues un
peu larges jusqu'au champ où il y
avoit de la terre meuble, & remuée
par les taupes. Voyant que l'eau s'y
perdoit à mesure qu'elle y arrivoit,
j'ai fait faire dans cette pièce un petit puisart. Je l'ai fait remplir jusqu'à
un pied au-dessous du sol, de pierres
qu'on avoit ramassées dans le champ
même. J'en ai aussi fait mettre dans
la sangsue un peu large, qui y con-
duisoit l'eau depuis la source. J'ai fait
ensuite couvrir de terre & le puisart
& la sangsue. Je n'ai cessé depuis
1760. de faire labourer par dessus
tous ces endroits, & jamais il n'a
paru depuis sur la terre une seule
goutte d'eau. Quand les sources avoi-
sinent les endroits où l'eau peut être
nécessaire, alors le puisart devient
inutile. On se contente de faire un
petit fossé depuis la source jusqu'au
lieu où on veut la faire écouler. On rem-
plit le fossé de pierres que l'on couvre
ensuite de terre, sur laquelle on fait
passer la charrue. Par ces mesures je
n'ai plus aucune friche occasionnée
par les sources ou les moulières, &
je fais labourer en planches par-tout

où il y en avoit, comme dans les terres qui ont toujours été en valeur.

Quant à celles qui étoient incultes, parce que le sol en étoit brûlant,
trop rempli de crayon, de marne, de
sable, ou de cailloux, je n'ai employé,
pour les rendre propres à la production, que de bonnes terres lateuses, d'autres froides & humides, & des gazons
que j'ai fait prendre dans des champs où
il se trouvoit, quelquefois trois, quatre, & même cinq pieds de profondeur de cette terre, ou dans les chemins. J'y ai aussi fait voiturer de
bonne terre noire, & des recurages
de fossés, en ne faisant ces transports
que de proche en proche : j'ai fait
perdre les moulières qui y étoient, en
y mettant du gazon & différens fumiers ; & après les avoir fait labourer
en planches un peu bombées, j'y ai
pratiqué quelques sangsues. Ces sortes
de terreins ne sont guère sujets aux
moulières que pendant l'Hiver ; mais
on les épuisera toujours par les moyens
que je viens d'indiquer.

CHAPITRE VIII.

Des Potagers.

ON s'imagine affez ordinairement que pour rendre les potagers fertiles, il faut leur donner beaucoup d'eau, & leur procurer une grande quantité de fumier. C'eft une erreur ; car les fols des jardins font à peu-près femblables à ceux des terres propres à être labourées, c'eft-à-dire, bons, médiocres ou mauvais : ce qui eft occafionné par l'embarras où l'on fe trouve fouvent de ne pouvoir choifir la nature de la terre que l'on voudroit mettre en potager, attendu qu'on eft obligé de prendre celle qui eft la plus commode & la plus à portée du Château ou de la maifon qu'on veut habiter, comme on a fait au Château de Belle-Fontaine. Le jardin de cette terre ne contient guères que deux arpens. Quand j'en ai pris poffeffion en 1759, plus de la moitié étoit un fol caffe, glutineux & plein de glaife. Auffi cette partie étoit-elle alors en friche. Je l'ai arrangée de la même façon que les terres labourables qui étoient de la même nature, à l'exception de la marne que je n'ai point fait entrer dans les engrais que j'y ai mis. Je me fuis contenté d'y faire tranfporter pendant la gelée, ou dans d'autres tems qu'on ne pouvoit pas faire d'autres travaux, du bon gazon un peu fablonneux, de la terre neuve noire qui étoit fous les fumiers de baffe-cour, de la terre lateufe, froide & humide, avec du fumier bien confommé. Par le moyen de ces différents engrais, le fol du jardin s'eft trouvé fi ameubli, que les pois, les feves, & les autres légumes font venus en abondance, y ont beaucoup grainé, & ont eu un bien meilleur goût que tous ceux qui ne venoient auparavant dans la partie qui étoit cultivée, qu'à force de fumier & d'eau. On comprendroit difficilement, fans l'expérience, combien ces différens engrais empêchent la terre de fe fecher; ce qui eft bien effentiel dans les endroits où l'eau eft rare en Eté. Que je connois de jardins dont le terrein

est rempli de gravier , de cailloux &
de sable ! Ceux qui les possèdent , sont
des dépenses considérables pour y
conduire des eaux & des fumiers de
toute espèce. Les mains d'œuvre y
sont multipliées à l'excès pour arroser.
Mais que résulte-t-il de ces arrose-
mens trop fréquens ? Une perte presque totale de ces fumiers ; car l'eau
passant au travers de ces sels , comme
dans une fontaine sablée , quelquefois
même avec plus de précipitation , en
entraînent dans les fonds tous les sels
& tous les sucs. Tout devient alors
infructueux pour le propriétaire , &
l'argent immense qu'il a dépensé , &
les travaux & les peines du jardinier.
Au lieu qu'il se seroit épargné les
frais & la peine , s'il avoit fait trans-
porter dans son potager des terres neuves , du gazon , & un peu de fumier
analogue à la terre qu'il vouloit mettre en état de produire.

J'en fais de même , proportion gar-
dée , pour les arbres fruitiers. Quand
je veux en planter contre quelque
mur , je fais faire une tranchée &
bien défoncer le terrein , je la remplis ensuite des mêmes engrais , après

quoi on y met les arbres. Les pêchers que j'ai fait planter de la forte, ont plus profité en deux ans, que ceux qui avoient été mis en terre fix ans auparavant dans le même fol, mais fans avoir pris les mêmes précautions que je viens d'indiquer. On retirera les mêmes avantages, fi on plante de la même façon les pommiers & les poiriers, & les autres arbres à fruit dans les plattes-bandes du jardin. Les fruits en feront bien meilleurs, & en plus grande quantité, que fi on n'y mettoit que des fumiers de baffe-cour, qui ne fervent fouvent qu'à brûler le fol qu'on enfemence ou qu'on plante, fuivant les différentes natures de la terre. On doit auffi mettre un peu de marne dans de bons fonds, comme dans les terres fortes, franches, à blanc limon, noires, meubles, lateufes, froides & humides. Car en vain diroit-on que la marne faifant, pour ainfi dire, produire la terre malgré elle, elle épuife en peu d'années tous les fels & tous les fucs qu'elle renferme, ou les deffeche, de façon qu'on ne peut plus rien en tirer. J'ai l'expérience du contraire depuis 1740.

J'en ai fait marner jufqu'à deux fois qui rapportent conftamment de très-bonnes récoltes; & je fuis certain qu'elles ne diminueront jamais, parce que j'aurai foin d'en entretenir les fels & les fucs par les différens fumiers des baffes-cours, par les différentes terres neuves que j'ai déja défignées, ou par tout autre engrais analogue. Au refte, il paroît que ceux qui font le raifonnement que je combats, ne favent pas qu'il y a diverfes fortes de marnes. Les unes font très-graffes, les autres le font moins, & d'autres qui font fi feches, qu'elles n'ont que les fels néceffaires pour exciter ou provoquer la végétation de la terre. Ces dernières néanmoins mêlées avec différens fumiers de baffe-cour, & des autres engrais dont j'ai parlé, donneront de très-bonnes productions, foit en légumes, foit en fruits, foit en grains. Ces différentes productions feront même plus de garde, que celles que l'on aura recueillies dans d'autres terres qui n'auront pas été préparées comme je l'enfeigne. D'où vient cela ? C'eft qu'elles auront une meilleure qualité ; j'excepte cependant

de ces engrais les fumiers des ber-
geries , les crotins de pigeon , & le
parc ; parce qu'ils opèrent , à peu de
chofe près , les mêmes effets que la
marne.

Il y a un autre moyen de faire du
fumier , qui convient encore beaucoup
mieux aux potagers & aux vignes, que
tous les fumiers de baffes-cours, qui
ne brûlera jamais comme ces derniers
le font quelquefois, ni les plantes, ni
les fruits. Il confifte à faire un lit
de bonne terre de quatre à cinq pouces d'épaiffeur, long & large d'environ deux toifes plus ou moins. On
fait deffus un lit de fumiers différents de trois à quatre pouces de hauteur. On continue de même jufqu'à
ce que le tas foit élevé à quatre ou
cinq pieds. On arrofe enfuite cette
terre & ce fumier avec de l'eau de
mares , ou de celle que l'on prend
dans d'autres endroits où il s'en trouve
qui y croupiffent, jufqu'à ce qu'ils
ne faffent plus qu'un feul corps enfemble, & qu'on puiffe le couper avec la
bèche. Tranfportés après cela dans
un potager ou dans des vignes , ils
produiront toujours beaucoup plus

d'effet que tous les fumiers des basses-
cours ; & l'engrais en durera bien plus
long-tems. Aussi ai-je vû des vigne-
rons qui avoient ainsi fumé leurs vignes, avoir une pleine vendange, tandis que les autres, au milieu desquels
ils se trouvoient, n'avoient qu'une de-
mi-année tout au plus.

CHAPITRE IX.

Des précautions qu'on doit prendre pour mettre en sûreté les grains dans les granges.

N'AYANT point eu jusqu'à présent l'occasion de parler de ce que l'on doit faire pour garantir dans les granges les grains qu'on y renferme, des différentes vermines qui les y dévorent annuellement, je crois devoir indiquer ici les moyens dont j'ai fait usage pour y réussir. Ils sont des plus naturels, quand les granges sont solidement bâties, & d'une matière un peu plus dure que celle qu'on emploie assez ordinairement en Picardie. Quel est en effet la cause du dégât qu'y font les rats, les souris, & les charansons? Il n'y en a point d'autres, la plûpart du tems, que la négligence du Fermier ou du Propriétaire. Entrés dans leur grange, qu'y voyez-vous? Une infinité de trous dans l'aire, dans les travées, & dans les murs, qui font autant de forts inacceffibles dans lefquels fe retirent toutes ces vermines pour fe mettre à l'abri des pourfuites qu'on pourroit en faire. Lorfque je fuis entré dans la Ferme de Belle-fontaine, j'ai trouvé les granges dans ce trifte état. Les rats & les fouris y avoient formé des efpèces de terriers, dans lefquels ils faifoient leurs petits. Ils en fortoient par bande pour aller dévorer la récolte, & y tranfporter leurs provifions. Je fuis enfin venu à bout de les détruire, & voici de la manière que je m'y fuis pris. J'ai fait enlever de l'aire & de toutes les travées au moins un pied de terre, que l'on a conduite dans les jachères. A peine pourroit-on croire combien nous avons fait périr de rats, de fouris, de charanfons dans cette opération. Les mêmes tombereaux qui tranfportoient les terres dans les champs, en rapportoient des pierres & des cailloux pour remplir les creux qu'on avoit faits dans la grange. Après les avoir fait bien arranger à plat, on a jetté deffus de la chaux mêlée avec du fable. Cet efpèce de maftic a lié enfemble les pier-

res & les cailloux. On a bouché enfuite bien foigneufement avec la
même compofition tous les trous des
murs. J'y fais depuis ce tems bien
entaffer mes récoltes fans la moindre
perte, tandis qu'elle avoit été très-
confidérable pour le Fermier en 1758.
car il y avoit dans les fouterrains que
les vermines avoient formés, plus de
quarante bichets de bled qu'elles
avoient mangés, & au moins plein
un tombereau de charanfons, que j'ai
fait brûler. Tous les fourages de la
grange étoient infectés par l'ordure
de toutes ces vermines.

Pour faire périr les charanfons à
Ville-parifis, j'ai fait enduire de chaux
vive les murs, les travées, & l'aire
de la grange, & j'en fuis venu à bout.
Quand il n'y en a point une trop
grande abondance, il n'eft queftion
que de bien nettoyer la grange : couper après cela quelques gerbes de bled
de la récolte qu'on eft fur le point
de commencer, & les étendre le long
des murs. Dès le lendemain tous les
charanfons y feront raffemblés. On
prend pour-lors un drap fur lequel
on fecoue chaque gerbe. Tous les

charanſons tombent deſſus. L'on porte le drap dans la cour où les poules mangent cette vermine avec avidité. On place enſuite ces gerbes dans la grange comme la première fois. Vous n'aurez pas réïtéré cette opération quatre à cinq fois, qu'il n'y aura plus de charanſons. On croit aſſez communément que cet inſecte fait plus de bien que de mal, quand on entaſſe le bled trop humide, qu'elle l'empêche d'y germer ; qu'il eſt même plus aiſé à battre. Je n'ai jamais fait cette expérience, parce que dans aucun tems je ne me ſuis mis dans le cas de faire une récolte qui pût germer dans la grange ; ce qui eſt de très-grande conſéquence : car il eſt très-certain que du bled germé & chaufouré ne peut que nuire à la ſanté de ceux qui mangent le pain qu'on en fait, & que les pailles qui ſentent le relant, cauſent des maladies aux animaux qu'on en nourrit.

Pour bien entaſſer les avoines dans les granges, il faut les délier, & les étendre également ſur le tas. On les garantit par cette façon de les arranger, des vermines qui ne peuvent y pénetrer. Le grain y acquiert une qualité qu'il ne peut avoir quand on le laiffe en gerbe , & il entre dans une feule travée ce qui en rempliroit deux ; car les gerbes n'ayant point affez de longueur pour pouvoir les joindre auffi exactement que le bled , il fe trouve dans tous les rangs des vuides dans lefquels fe gliffent les rats, les fouris qui y font un dégât confidérable.

De tout ceci il réfulte qu'il ne faut que de l'attention pour bien cultiver les terres , en connoître la nature , les engrais qui leur font propres , & les faifons pour les travailler à propos On retirera de ces connoiffances de très-grands avantages. Les Fermiers , qui la plûpart du tems fe ruinent dans les terres dont ils fe chargent, s'y enrichiront indubitablement. Animés par l'efpoir d'un gain qui ne pourra leur échapper , ils fe porteront avec plus d'ardeur au travail qu'ils auront foin de multiplier à proportion qu'ils verront que les peines qu'ils fe donneront, ne feront pas tout-à-fait ftériles.

Après tout ce que l'on vient de voir , comment pouvoit-on affurer l'année dernière que tout étoit dit sur l'Agriculture, & qu'il falloit se méfier de ce que devoient avancer les Auteurs qui donneroient dans la suite leurs productions sur cette matière? Pour moi, je pense qu'il vaut beaucoup mieux se méfier de ces Auteurs qui s'annoncent avec tant d'années d'expérience, & qui n'apportent en preuve de ce qu'ils débitent, que les expériences des autres, ou qui les veulent critiquer avant d'avoir lû les Ouvrages qu'ils doivent donner sur l'Agriculture.

Quoique par ma Lettre du 10 Avril 1764, je n'aie point annoncé l'article suivant, je crois devoir le placer ici à cause de l'utilité qu'on en retirera pour l'Agriculture.

CHAPITRE X.

De la main d'œuvre.

RIEN de plus nécessaire, sur-tout pendant la moisson, que la main d'œuvre. Si on ne multiplie, pour ainsi dire, alors les bras, rarement les ouvrages sont conduits à leurs perfections. Les récoltes sont souvent perdues en partie ou dépérissent; & les terres qu'on doit disposer pour recevoir la semence, sont négligées. Très-souvent même les vignes en souffrent. Il seroit néanmoins aisé d'éviter ces inconvéniens; car au lieu d'occuper tant de monde à la garde ou à la levée des dîmes & des champarts qui sont si onéreux au public, il faudroit donner en argent ou en grains aux gros Décimateurs & aux Seigneurs, à peu-près la valeur de ce qui doit leur revenir, tous frais faits. Dans cette hypothèse combien de personnes ne pourroient-elles pas être employées plus utilement?

Car dans une Cure à peu-près de 1200 liv. où le Curé a la dîme, il lui faut trois calvaniers, un charretier, une charrette, & deux chevaux. Il faut au Seigneur ou Fermier un homme qui aille marquer les gerbes qu'il veut avoir. Voilà donc au moins cinq personnes qui travailleroient au bien général, s'ils n'étoient pas à celui de deux particuliers.

Les gros Décimateurs au reste & les Seigneurs gagneroient à cet arrangement, puisqu'ils n'auroient plus à craindre aucune intempérie de l'air, & qu'ils éviteroient les embarras & la grosse dépense que leur donne ordinairement le tems de la moisson. Le Laboureur y trouveroit aussi son compte; car sans faire aucuns frais de plus, ils profiteroient de la dépense que les Seigneurs & les gros Décimateurs sont obligés de faire pour recueillir ce qu'ils ont droit de percevoir. D'un autre côté le Fermier ne craignant plus de voir dans son champ des étrangers avides de ce qu'il y a de meilleur, & de ce qu'il a eu tant de peine à faire

faire produire, ſe livreroit au travail avec plus d'ardeur & de zèle, & feroit diſpenſé de payer une perſonne pour veiller à ce que l'on ne lui enlève rien au-delà de ce qu'il doit.

F I N.

TABLE

DES MATIERES.

F

FIN DE LA TABLE.

PRIVILEGE DU ROI.

corder nos Lettres de Privilége pour ce néceffaires. A ces eaufes , voulant favorablement traiter l'Expofant, Nous lui ayons permis & permettons par ces Préfentes d'imprimer ledit Ouvrage autant de fois que bon lui femblera , de le vendre , faire vendre & débiter par tout notre Royaume pendant le tems de fix années confécutives , a compter du jour de la date des Préfentes. Faifons défenfes à tous Imprimeurs, Libraires , & autres perfonnes, de quelque qualité & condition qu'elles foient, d'en introduire d'impreffion étrangère dans aucun lieu de notre obéiflance; comme auffi d'imprimer ou faire imprimer , vendre , faire vendre , débiter ni contrefaire ledit Ouvrage , ni d'en faire aucun extrait fous quelque prétexte que ce puiffe être , fans la permiffion expreffe & par écrit dudit Expofant, ou de ceux qui auront droit de lui , à peine de confifcation des éxemplaires contrefaits , de trois mille livres d'amende contre chacun des contrevenans, dont un tiers à Nous , un tiers à l'Hôtel-Dieu de Paris, & l'autre tiers audit Expofant, ou à celui qui aura droit de lui , & de tous dépens , dommages & intérêts : à la charge que ces Préfentes feront enregiftrées tout-au-long fur le Regiftre de la Communauté des Imprimeurs & Libraires de Paris , dans trois mois de la date d'icelles : que l'impreffion dudit Ouvrage fera faite dans notre Royaume, & non ailleurs , en bon papier & beaux caractères conformément à la feuille imprimée & attachée pour modéle fous le con-

tre-fcel des préfentes: que l'Impétrant fe con-
formera en tout aux Réglemens de la Librairie,
& notamment à celui du dixiéme Avril 1725.
qu'avant que de l'expofer en vente, le ma-
nufcrit qui aura fervi de copie à l'impreffion dudit Ouvrage, fera remis dans le
même état où l'Approbation y aura été don-
née, ès mains de notre très-cher & féal
Chevalier Chancelier de France, le Sieur
Delamoignon; & qu'il en fera enfuite remis
deux Exemplaires dans notre Bibliothéque
publique, un dans celle de notre Château du
Louvre, un dans celle dudit Sieur Delamoignon, & un dans celle de notre très-cher
& féal Chevalier Vice-Chancelier & Garde
des Sceaux de France, le Sieur de Mau-
peou; le tout à peine de nullité des Préfentes.
Du contenu defquelles vous mandons &
enjoignons de faire jouir l'Expofant ou fes
ayans caufe pleinement & paifiblement,
fans fouffrir qu'il leur foit fait aucun trou-
ble ou empêchement. Voulons que la Copie
des Préfentes, qui fera imprimée tout-au-
long au commencement ou à la fin dudit
Ouvrage, foit tenue pour duement fignifiée;
& qu'aux Copies collationnées par l'un de
nos amés & féaux Confeillers & Secrétai-
res, foi foit ajoutée comme à l'original.
Commandons au premier notre Huiffier ou
Sergent fur ce requis, de faire pour l'éxé-
cution d'icelles tous actes requis & néceffaires, fans demander autre permiffion, &
nonobftant Clameur de Haro, Charte Nor-
mande, & Lettres à ce contraires: Car tel
eft notre plaifir. Donné à Paris le vingt-

septiéme jour du mois de Mars, l'an de grace
mil sept cent soixante-cinq , & de notre
Régne le cinquantiéme. Par le Roi en son
Conseil.

LE BEGUE.

*Regiſtré ſur le Regiſtre XVI. de la Cham-
bre Royale & Syndicale des Libraires & Imprimeurs de Paris , N°. 526. fol. 281. conformément au Réglement de 1723. A Paris ce
5 Avril 1765.*

LE BRETON, Syndic.

ERRATA.

PAge 2. lig. 29. Morel, *lisez* Moret.

5. lig 20. donne, *lisez* leur donne.

14. lig. dern. n'ont , *lisez* n'ont eu.

18. lig. dern. qu'en , *lisez* que.

19. à la note, lig. 2. au gros bétail, *lisez* ou gros méteil.

20. lig. 22. des terreins , *lisez* dans des terreins.

23. lig. 25. éxigent, *lisez* éxigeoient.

29. lig. 16. lui font , *lisez* lui foient.

33. lig. 20 & 21. de le , *lisez* de la.

54. lig. 8. certains , *lisez* certaines.

56. lig. 6. antre, *lisez* autre.

Ib. lig. 18. ces fillons, *lisez* les fillons.

58. lig. 23. qu'on le fcie , *lisez* qu'on les fcie.

60. lig. 15. de plus de befoin , *lisez* le plus de befoin.

61. lig. 17. augmente, *lisez* augmentent.

62. lig. 17. relant , *lisez* relent.

69. lig. 2. & qui , *lisez* & qu'ils.

76. lig. 10. leurs pieds, *lisez* leur pied.

95. lig. 18. nis, *lisez* nids.

107. lig. 10. de ces fels , *lif.* de ces fols.